Startwissen Mathematik und Statistik

Weiterer Titel aus der Reihe „Startwissen":

Mitch Fry, Elizabeth Page

Startwissen Chemie

Ein Crash-Kurs für Studierende
der Biowissenschaften und Medizin

Michael Harris, Gordon Taylor,
Jacquelyn Taylor

Startwissen Mathematik und Statistik

Ein Crash-Kurs für Studierende der Biowissenschaften und Medizin

Aus dem Englischen übersetzt von Michael Zillgitt

ELSEVIER
SPEKTRUM
AKADEMISCHER
VERLAG

Zuschriften und Kritik an:
Elsevier GmbH, Spektrum Akademischer Verlag, Frank Wigger, Slevogtstraße 3–5, 69126 Heidelberg

Titel der Originalausgabe
Catch Up Maths & Stats – For the life and medical sciences
Englische Originalausgabe 2005 bei Scion Publishing Ltd., UK
© Scion Publishing Ltd., 2005
This translation of Catch Up Maths and Stats is published by arrangement
with Elsevier – Spektrum Akademischer Verlag.
Aus dem Englischen übersetzt von Dr. Michael Zillgitt.

Wichtiger Hinweis für den Benutzer
Der Verlag und die Autoren haben alle Sorgfalt walten lassen, um vollständige und akkurate Informationen in diesem Buch zu publizieren. Der Verlag übernimmt weder Garantie noch die juristische Verantwortung oder irgendeine Haftung für die Nutzung dieser Informationen, für deren Wirtschaftlichkeit oder fehlerfreie Funktion für einen bestimmten Zweck. Der Verlag übernimmt keine Gewähr dafür, dass die beschriebenen Verfahren, Programme usw. frei von Schutzrechten Dritter sind. Der Verlag hat sich bemüht, sämtliche Rechteinhaber von Abbildungen zu ermitteln. Sollte dem Verlag gegenüber dennoch der Nachweis der Rechtsinhaberschaft geführt werden, wird das branchenübliche Honorar gezahlt.

Bibliografische Information der Deutschen Nationalbibliothek
Die Deutsche Nationalbibliothek verzeichnet diese Publikation in der Deutschen Nationalbibliografie; detaillierte bibliografische Daten sind im Internet über http://dnb.d-nb.de abrufbar.

Planung und Lektorat: Frank Wigger, Imme Techentin-Bauer
Redaktion: Stefanie Volk
Herstellung: Ute Kreutzer
Umschlaggestaltung: wsp design Werbeagentur GmbH, Heidelberg
Layout/Gestaltung: TypoDesign Hecker GmbH, Leimen
Satz: Mitterweger & Partner, Plankstadt
Druck und Bindung: Uniprint International BV, Szekesfehervar

Printed in Hungary

ISBN 978-3-8274-1829-6

Aktuelle Informationen finden Sie im Internet unter www.elsevier.de und www.elsevier.com

Inhalt

Geleitwort

Noch vor rund einer Generation wurden Mathematik und Statistik bei der Ausbildung von Biowissenschaftlern und Medizinern fast völlig ignoriert. Doch heute sehen sich Studenten und Praktiker Entwicklungen gegenüber, die eine gründliche Kenntnis in Mathematik und Statistik erfordern: etwa der Analyse komplexer Genomdaten und der prädiktiven Modellierung von Krankheitsausbreitungen, nichtlinearen Zusammenhängen in der Ökologie sowie einer großen Bandbreite quantitativer physiologischer Daten. Doch das mathematische Basiswissen vieler Medizin- und Biologiestudenten lässt immer mehr zu wünschen übrig.

Bei meinen Forschungen in den Grenzgebieten von Mathematik und Biologie arbeite ich mit Ökologen, Biologen und Klinikern zusammen, die begierig sind, die Grundlagen der Mathematik und der Statistik zu lernen, um die neuen Entwicklungen wirklich nutzen zu können. Doch ihre Fragen nach einführenden Lehrbüchern konnte ich bisher nur mit einem Schulternzucken beantworten.

Ähnlich war es, als ich an die Heriot-Watt-Universität kam und zwei neue Mathematiklehreinheiten für Biologen entwickelte: Ich war enttäuscht über den Mangel an Lehrbüchern, die für Studenten mit eher schwachem mathematischen Grundwissen geeignet sind.

Daher war ich sehr gespannt, als ich Näheres über dieses Buch erfuhr. Sowohl der Inhalt als auch der Stil sind auf Studenten zugeschnitten, die in Biowissenschaften und Medizin zwar einen gewisses Grundwissen haben, sich aber darüber hinaus auf die heutige Welt der quantitativ betriebenen Biologie einrichten müssen.

Ich hoffe und glaube, dass ein gründlicheres Einüben quantitativer Verfahren die nächste Generation von Biologen und Klinikern in die Lage versetzen wird, die aufregende neuere und aktuelle Forschung in der quantitativ betriebenen Biologie und Medizin für sich zu nutzen. Dieses Buch von Harris, Taylor und Taylor bietet bei diesem Vorhaben eine wertvolle Unterstützung.

Jonathan A. Sherratt
Professor für Mathematik
Heriot-Watt-Universität

Über die Autoren

Dr. Michael Harris ist Allgemeinmediziner und wirkt in Bath als Honorarprofessor für Medizin im Aufbaustudium. Bis vor kurzem war er Prüfer am Royal College für Allgemeinmedizin. Er interessiert sich besonders für die Entwicklung von Lehrmaterialien.

Dr. Gordon Taylor ist pensionierter Forscher im Bereich medizinische Statistik an der Universität Bath. Sein Wirkungsbereich umfasst insbesondere die Lehre sowie die Förderung und die Leitung von nichtkommerziellen Forschungsarbeiten im Gesundheitswesen.

Jacquelyn Taylor lehrte Mathematik und Naturwissenschaften an höheren Schulen wie auch an Universitäten.

Vorwort

Dieses Buch richtet sich an Studenten der Biowissenschaften und der Medizin wie auch an Akademiker, die Grundkenntnisse in Mathematik und Statistik benötigen.

Ob Sie Mathematik und Statistik nun mögen oder vielleicht sogar hassen – wenn Sie in den Biowissenschaften oder der Medizin erfolgreich arbeiten wollen, kommen Sie um ein gewisses Grundwissen nicht herum.

In diesem Buch werden nur wenige ganz elementare mathematische beziehungsweise statistische Kenntnisse vorausgesetzt. Wie elementar Ihr Vorwissen auch ist – Sie werden feststellen, dass die darüber hinaus gehenden Aspekte hier anschaulich dargeboten und erläutert werden.

Manche Leserinnen und Leser werden einige Abschnitte als zu vereinfachend empfinden. Ihnen raten wir, jeweils im Anschluss an die schon bekannten Inhalte einzusteigen.

Praktisch alle Kapitel enthalten ausgearbeitete Übungsbeispiele, und Sie können Ihr Verständnis des Gelernten mithilfe des jeweiligen Abschnitts „Testen Sie Ihr Wissen" überprüfen und Ihre Lösungen mit denen der Autoren vergleichen.

Michael Harris,
Gordon Taylor,
Jacquelyn Taylor

Bath, im April 2005

Danksagung

Wir möchten allen danken, die unser Manuskript durchgesehen und überprüft haben, seien es Experten oder begeisterte Amateure.

Ferner danken wir Prof. Jonathan Sherratt von der Heriot-Watt-Universität für seine Anmerkungen und für die freundliche Genehmigung, einiges von seinem Material zu verwenden.

Unser Dank gilt auch unserem Verleger, Dr. Jonathan Ray, für seine Geduld und seine hilfreichen Ratschläge.

Besonderer Dank gebührt schließlich Sue Harris für Ihre Nachsicht und Unterstützung.

Wie dieses Buch zu verwenden ist

Wenn Sie einen Kurs in Mathematik und Statistik wünschen

- Beim Durcharbeiten des gesamten Buches erhalten Sie einen vollständigen Kurs in Mathematik und Statistik, soweit sie für Biowissenschaftler und Mediziner relevant sind.
- Die ersten Kapitel beginnen mit den elementaren Grundlagen.
- Wenn Sie schon Kenntnisse in Mathematik bzw. Statistik haben, können Sie jeweils im Anschluss an die Begriffe und Konzepte einsteigen, die Ihrem Kenntnisstand entsprechen.
- Jedes Kapitel baut auf den Inhalten auf, die in den vorangegangenen Kapiteln vermittelt wurden.
- Fast alle Kapitel enthalten ausgearbeitete Beispiele, die das Gelesene veranschaulichen. Dadurch kann das Gelernte vertieft werden.
- Die Autoren haben versucht, die strenge Fachsprache soweit wie möglich zu vermeiden. Neu eingeführte Begriffe sind in Fettschrift gesetzt und werden erläutert.

Wenn Sie es eilig haben

- Wählen Sie die Kapitel aus, die für Sie relevant sind. Jedes Kapitel ist so angelegt, dass es einzeln durchgearbeitet werden kann.

Wenn Sie ein Nachschlagewerk brauchen

- Sie können dieses Buch auch als Nachschlagewerk nutzen. Das Sachregister ist so ausführlich, dass die einzelnen Begriffe und Inhalte schnell aufzufinden sind.

Testen Sie Ihr Verständnis und Ihr Wissen

- Am Ende der allermeisten Kapitel findet sich ein Abschnitt „Testen Sie Ihr Wissen". Hier können Sie selbst überprüfen, ob Sie das gerade Gelesene verstanden haben, und Sie können Ihre Lösungen mit denen der Autoren vergleichen.
- Viele Aufgaben sind mit einfachen Rechenvorgängen lösbar, während bei anderen ein guter Taschenrechner benötigt wird.

Tipps zur Vorgehensweise

- Nehmen Sie sich nicht zu viel auf einmal vor.
- Arbeiten Sie schwierige Abschnitte nur durch, wenn Sie ausgeruht sind.
- Es kann sein, dass Sie manche Abschnitte mehrmals lesen müssen, bis die Inhalte verständlich sind. Sie werden feststellen, dass das Einbeziehen der Beispiele das Verstehen der Prinzipien erleichtern kann.

Umgang mit Zahlen

Dieses Kapitel geht auf die elementaren Grundlagen zurück und ruft den Umgang mit Zahlen in Erinnerung.

2.1 Faktoren

Die **Faktoren** einer Zahl sind sämtliche ganze Zahlen, durch die sie ohne Rest zu teilen (zu dividieren) ist.

Die Zahlen 1, 2, 3, 4, 6 und 12 sind sämtlich Zahlen, durch die die Zahl 12 ohne Rest teilbar ist. Daher sind sie Faktoren von 12. Beispielsweise ist

$$1 \times 12 = 12$$
$$2 \times 6 = 12$$
$$3 \times 4 = 12$$

> **Beispiel**
>
> Die Faktoren von 15 sind 1, 3, 5 und 15.

2.2 Gemeinsame Faktoren

Die **gemeinsamen Faktoren** sind diejenigen Zahlen, durch die die betrachteten Zahlen ohne Rest dividiert werden können.

> **Beispiel**
>
> 1 und 3 sind die gemeinsamen Faktoren von 12 und 15.
>
> Der größte gemeinsame Faktor ist 3.

2.3 Verwendung von Klammern

Wir verwenden **Klammern**, um die Reihenfolge der Rechenschritte festzulegen oder zu ändern und um die korrekte Interpretation von mathematischen **Ausdrücken** sicherzustellen.

> **Beispiel**
>
> Die Berechnung von
>
> $$3 \times 8 - 5$$
>
> wird wie folgt durchgeführt:
>
> $3 \times 8 = 24$; dann 5 subtrahieren; Lösung: 19.
>
> Wenn wir den Ausdruck 8 − 5 in Klammern setzen, dann ändert sich die

Reihenfolge der Rechenschritte: Die Inhalte von Klammern sind zu berechnen, *bevor* die übrigen Rechenschritte ausgeführt werden:

$$3\,(8 - 5) = 3 \times 3 = 9$$

Beachten Sie, dass das Multiplikationszeichen $\times$ vor der Klammer oder zwischen Klammerpaaren nicht geschrieben werden muss.

2.4 Die Reihenfolge der Rechenschritte

Beim Berechnen längerer Ausdrücke ist folgende Reihenfolge einzuhalten:

- Klammerung,
- Potenzierung,
- Division,
- Multiplikation,
- Addition,
- Subtraktion.

Beispiel

Bei dem Ausdruck

$$9 + 6 - 8\,(7 + 5) : 4$$

berechnen wir zuerst die Summe in Klammern:

$$9 + 6 - 8\,(12) : 4$$

Nach der Division ergibt sich

$$9 + 6 - 8 \times 3$$

Das Multiplizieren liefert

$$9 + 6 - 24$$

Die Addition führt zu

$$15 - 24$$

Schließlich ergibt die Subtraktion

$$-9$$

2.5 Betrag oder Absolutwert

Der **Betrag** oder **Absolutwert** einer Zahl wird dargestellt, indem sie in die Zeichen $|\ldots|$ eingeschlossen wird. Dadurch wird ihr Wert positiv. Der Betrag einer positiven Zahl unterscheidet sich daher nicht von ihr. Das Gleiche gilt für die Zahl Null.

Beispiele

$$|-3| = 3$$
$$|3| = 3$$

2.6   Primzahlen

Ein ganze Zahl, die nur die zwei Faktoren 1 und sich selbst hat, wird **Primzahl** genannt.

> **Beispiel**
>
> 7 hat nur die beiden Faktoren 1 und 7; daher ist sie eine Primzahl.

2.7   Quadratzahlen

Quadratzahlen entstehen durch Multiplizieren einer ganzen Zahl mit sich selbst. Beispiele:

$$9 \text{ ist } 3 \times 3, \text{ und } 25 \text{ ist } 5 \times 5.$$

3×3 kann als 3^2 geschrieben werden und wird als „3 zum Quadrat" oder „3 hoch 2" oder „3 zur Potenz 2" gesprochen.

Die Multiplikation zweier negativer Zahlen ergibt eine positive Zahl; daher sind Quadrate von negativen Zahlen stets positiv.

> **Beispiele**
>
> $$(-3)^2 = (-3) \times (-3) = 9$$
>
> $5 \times 5 = 5^2 = 25$; das bedeutet „5 zum Quadrat" oder „5 zur Potenz 2".
>
> Quadratzahlen findet man häufig bei Flächenangaben.
>
> Beispielsweise hat ein 5 Meter mal 5 Meter großes Quadrat eine Fläche von 25 m^2.

2.8   Quadratwurzeln

Weil $9 = 3 \times 3$ ist, ist 3 als **Quadratwurzel** von 9 anzusehen. Die Quadratwurzel einer Zahl wird durch das Zeichen $\sqrt{}$ symbolisiert, und wir schreiben $\sqrt{9} = 3$.

Nun wissen wir, dass $(-3)^2$ ebenfalls gleich 9 ist; daher ist auch $\sqrt{9} = -3$.

Weil jede Quadratwurzel aus einer positiven Zahl positiv oder negativ sein kann, wird das mit dem Plus-Minus-Zeichen $\pm$ gewöhnlich einfacher notiert, bei der Wurzel aus 16 beispielsweise so: $\sqrt{16} = \pm 4$.

2.9   Kubikzahlen

Diese entstehen durch zweimaliges Multiplizieren einer Zahl mit sich selbst.

> **Beispiel**
>
> $$5 \times 5 \times 5 = 5^3 = 125.$$
>
> Der Ausdruck 5^3 wird gesprochen als „5 hoch 3" oder als „5 zur Potenz 3".

> Ein 5 Millimeter mal 5 Millimeter mal 5 Millimeter großes Stückchen Pflanzengewebe hat ein Volumen von 125 mm^3 (d. h. von 125 Kubikmillimetern).

2.10 Dritte Wurzeln

Weil $27 = 3 \times 3 \times 3$ gilt, ist 3 die **dritte Wurzel** von 27, und wir schreiben $\sqrt[3]{27} = 3$.

Testen Sie Ihr Wissen

Die Lösungen finden Sie auf Seite 177.

Aufgabe 2.1
Wie lauten die Faktoren von 18, 21 und 24? Welche Zahl ist ihr größter gemeinsamer Faktor?

Aufgabe 2.2
Berechnen Sie $7\,(4 + 3)\,(5 - 2)$.

Aufgabe 2.3
Berechnen Sie $16\,(9/3 + 1) - 10/5$.

Aufgabe 2.4
Welche der Zahlen 21, 22, 23 sind Primzahlen?

Aufgabe 2.5
Wir groß ist die Fläche eines 7 m mal 7 m großen quadratischen Feldes?

Aufgabe 2.6
Berechnen Sie die Seitenlängen eines Quadrats mit der Fläche 64 m^2.

Aufgabe 2.7
Berechnen Sie das Volumen einer 40 mm mal 40 mm mal 40 mm großen Bodenprobe.

Aufgabe 2.8
Eine bei einer Biopsie entnommene würfelförmige Gewebeprobe hat das Volumen 64 mm^3. Welche Abmessungen hat sie?

3 Umgang mit Brüchen

Haben wir es nicht mit ganzen Zahlen zu tun, können wir Dezimalzahlen mit Nachkommastellen oder Brüche verwenden.

3.1 Brüche

Der **Bruch** 3/5 oder $\frac{3}{5}$ bedeutet „3 von 5 Teilen". Die Zahl über dem Bruchstrich bezeichnet man als **Zähler** und die unter dem Bruchstrich als **Nenner**.

Zum Berechnen eines Bruchteils einer Zahl ist diese mit dem Zähler des Bruches zu multiplizieren und durch dessen Nenner zu dividieren.

> **Beispiel**
>
> $\frac{3}{5}$ oder 3/5 von 20 ist $(3 \times 20) : 5 = 60 : 5 = 12$

3.2 Vereinfachen von Brüchen

Brüche können **vereinfacht** werden, wenn der Zähler und der Nenner einen oder mehrere Faktoren gemeinsam haben.

Das Gleiche, was wir mit dem Zähler tun, müssen wir auch mit dem Nenner tun.

> **Beispiel**
>
> Beim Vereinfachen des Bruches 12/15 nutzen wir die Tatsache, dass die Zahlen 12 und 15 den gemeinsamen Faktor 3 haben. Daher können wir den Zähler und den Nenner durch 3 dividieren:
>
> $$\frac{12}{15} = \frac{12 : 3}{15 : 3} = \frac{4}{5}$$
>
> Wenn kein gemeinsamer Faktor (mehr) vorliegt, hat der Bruch schon seine einfachste Form.

3.3 Kehrwerte

Der **Kehrwert** einer Zahl oder eines mathematischen Ausdrucks ergibt sich, indem die Zahl 1 durch die Zahl bzw. den Ausdruck dividiert wird.

Den Kehrwert eines Bruches erhalten wir durch Vertauschen von Zähler und Nenner.

Beispiele

Der Kehrwert von $\frac{5}{6}$ ist $\frac{6}{5}$.

Der Kehrwert von 7 ist $\frac{1}{7}$.

3.4 Multiplizieren von Brüchen

Beim **Multiplizieren von Brüchen** sind die Zähler und die Nenner jeweils für sich miteinander zu multiplizieren.

Beispiel

$$\frac{3}{4} \times \frac{5}{6} = \frac{3 \times 5}{4 \times 6} = \frac{15}{24} = \frac{5}{8}$$

3.5 Dividieren von Brüchen

Ist ein Bruch durch einen anderen zu dividieren, wird zunächst z. B. der zweite Bruch in seinen Kehrwert umgewandelt (durch Vertauschen von Zähler und Nenner). Dann werden die nun vorliegenden beiden Brüche miteinander multipliziert.

Beispiel

$$\frac{3}{4} : \frac{5}{6} = \frac{3}{4} \times \frac{6}{5} = \frac{3 \times 6}{4 \times 5} = \frac{18}{20} = \frac{9}{10}$$

3.6 Addieren von Brüchen

Wenn zwei Brüche den gleichen, also einen **gemeinsamen Nenner** haben, nennt man sie **gleichnamig**. Beim Addieren solcher Brüche müssen nur ihre Zähler addiert werden.

Beispiel

$$\frac{3}{7} + \frac{2}{7} = \frac{3 + 2}{7} = \frac{5}{7}$$

Wenn *kein* gemeinsamer Nenner vorliegt, ist es am zweckmäßigsten, die Brüche so umzuwandeln, dass sie den **kleinsten gemeinsamen Nenner** haben, und dann ihre Zähler zu addieren.

Der kleinste gemeinsame Nenner ist die kleinste Zahl, die sämtliche Faktoren aller Nenner als Faktoren hat.

Beispiel

$$\frac{2}{3} + \frac{4}{5}$$

Der kleinste gemeinsame Nenner ist 15, denn sie ist die kleinste Zahl, die 3 und 5 als Faktoren hat.

Um den Bruch 2/3 so umzuwandeln, dass sein Nenner 15 ist, müssen wir den Zähler und den Nenner mit 5 multiplizieren.

Um den Bruch 4/5 so umzuwandeln, dass sein Nenner 15 ist, müssen wir den Zähler und den Nenner mit 3 multiplizieren.

$$\frac{2 \times 5}{3 \times 5} + \frac{4 \times 3}{5 \times 3} = \frac{10}{15} + \frac{12}{15} = \frac{10+12}{15} = \frac{22}{15}$$

3.7 Subtrahieren von Brüchen

Die Vorgehensweise entspricht der beim Addieren von Brüchen.

Beispiel

$$\frac{3}{7} - \frac{2}{7} = \frac{3-2}{7} = \frac{1}{7}$$

Auch hier muss jeder Bruch, wenn kein gemeinsamer Nenner vorliegt, so umgewandelt werden, dass er den kleinsten gemeinsamen Nenner hat. Anschließend können die Zähler subtrahiert werden.

3.8 Umwandeln von Brüchen in Dezimalzahlen

Um einen Bruch in die gleichwertige **Dezimalzahl** umzuwandeln, ist der Zähler durch den Nenner zu dividieren.

Beispiel

$$\frac{1}{2} = 1 : 2 = 0{,}5$$

Testen Sie Ihr Wissen

Die Lösungen finden Sie auf Seite 177.

Aufgabe 3.1

Berechnen Sie $\dfrac{5}{6}$ von 72.

Aufgabe 3.2

Vereinfachen Sie $\dfrac{20}{24}$.

Aufgabe 3.3

Geben Sie den Kehrwert von $\dfrac{24}{28}$ an.

Aufgabe 3.4

Multiplizieren Sie $\dfrac{2}{5}$ mit $\dfrac{9}{10}$.

Aufgabe 3.5

Dividieren Sie $\dfrac{2}{5}$ durch $\dfrac{9}{10}$.

Aufgabe 3.6

Addieren Sie $\dfrac{6}{7}$ und $\dfrac{9}{14}$.

Aufgabe 3.7

Subtrahieren Sie $\dfrac{7}{12}$ von $\dfrac{11}{8}$.

4 Prozentsätze

Die Angabe eines Prozentsatzes ist eine besonders anschauliche Art, einen Bruch oder einen Anteil einer Größe anzugeben.

4.1 Prozentsätze

Ein **Prozentsatz** entspricht einem Bruch mit dem Nenner 100.

15 % ist das Gleiche wie $\frac{15}{100}$.

Wenn wir 15 % von einer Zahl berechnen, müssen wir sie mit fünfzehn Hundertsteln (d. h. mit 15/100) multiplizieren.

Wir können dabei auch Dezimalzahlen verwenden, denn es ist ja 0,15 = 15/100.

> **Beispiel**
>
> 15 % von 480 sind folgendermaßen zu berechnen:
>
> $$\left(\frac{15}{100}\right) \times 480 = 72$$
>
> 15 % von 480 ergeben in Dezimalschreibweise $(0{,}15) \times 480 = 72$.

4.2 Umwandeln von Dezimalzahlen in Prozentsätze

Um eine Dezimalzahl in einen Prozentsatz umzuwandeln, müssen wir sie mit 100 % multiplizieren.

> **Beispiel**
>
> $0{,}05 = (100\,\%) \times 0{,}05 = 5\,\%$

4.3 Berechnen von Prozentsätzen

Soll beispielsweise eine prozentuale Zunahme oder Abnahme angegeben werden, ist der Prozentsatz in die entsprechende Dezimalzahl umzuwandeln.

> **Beispiel**
>
> Ein Halm des Saatweizens, *Triticum aestivum*, ist 625 mm hoch. In einer Woche wächst er um 12 %.
>
> Ein Zunahme *um* 12 % ist dasselbe wie ein Zunahme *auf* 112 %, und das Multiplizieren einer Zahl mit 112 % ist dasselbe wie das Multiplizieren mit 1,12.
>
> 112 % von 625 entsprechen daher $1{,}12 \times 625 = 700$.
>
> Nach einer Woche ist der Halm also auf eine Höhe von 700 mm gewachsen.

Wenn eine Zahl zunimmt (oder abnimmt), können wir die Zunahme (oder Abnahme) als Prozentsatz der ursprünglichen Zahl angeben.

Die Änderung ist als Bruchteil der ursprünglichen Zahl zu berechnen, der dann in eine Dezimalzahl umgewandelt wird. Multiplizieren mit 100 % ergibt schließlich den Prozentsatz.

> **Beispiel**
>
> Das Gewicht (physikalisch exakter ausgedrückt: die Masse) eines Frühgeborenen hat von 1,3 kg auf 1,56 kg zugenommen.
>
> Die Zunahme beträgt 0,26 kg oder, als Bruchteil angegeben, $\dfrac{0,26}{1,30}$ der ursprünglichen Masse.
>
> $$\left(\frac{0,26}{1,30}\right) \times (100\,\%) = 20\,\%$$
>
> Das Baby ist um 20 % schwerer geworden.

4.4   Prozent-Tabellen

Bei **Tabellen** werden häufig Prozentsätze verwendet, weil sie einen guten Überblick über die Größen bieten und so einen leichten Vergleich mit anderen Daten ermöglichen.

> **Beispiel**
>
> Mithilfe einer Tabelle können wir Daten zur Körper- und zur Schwanzlänge von 10 Mäusen vergleichen.

Vergleich von Körper- und Schwanzlänge bei 10 Mäusen		
Körperlänge (mm)	Schwanzlänge (mm)	Schwanzlänge / Körperlänge
92	31	34 %
97	32	33 %
96	35	36 %
99	36	36 %
100	40	40 %
111	43	39 %
109	44	40 %
115	49	43 %
120	49	41 %
122	52	43 %

> Beachten Sie, wie mithilfe einer tabellarischen Aufstellung von Prozentsätzen ein Trend oder eine Abhängigkeit ermittelt oder verdeutlicht werden kann. Wir erkennen hier: Längere Mäuse haben längere Schwänze.

Wir können auch **Häufigkeiten** (die Anzahlen des Eintretens von Ereignissen oder des Vorliegens von Merkmalen) tabellarisch zusammenstellen und sie mithilfe von Prozentsätzen gut vergleichen.

Beispiel

Wir wollen das Alter von 80 Patienten vergleichen, bei denen eine Herztransplantation vorgesehen ist.

Lebensalter von 80 Herztransplantations-Patienten		
Alter (Jahre)	Häufigkeit bzw. Anzahl	Prozentsatz
0–9	2	2,5
10–19	5	6,25
20–29	6	7,5
30–39	14	17,5
40–49	21	26,25
50–59	20	25
≥60	12	15
Summe	80	100

Die erste Spalte gibt das Alter in Intervallen von 10 Jahren an.

Das Zeichen $\geq$ bedeutet „größer oder gleich" bzw. „mindestens". Hier sind in der vorletzten Zeile also Patienten erfasst, die 60 Jahre alt oder älter sind.

Die zweite Spalte gibt die Häufigkeit an, d. h. die Anzahl von Transplantations-patienten im betreffenden 10-Jahres-Intervall.

Die letzte Spalte gibt den Prozentsatz der Patienten in der betreffenden Altersgruppe an. Beispielsweise erwarteten in der Altersgruppe 30–39 Jahre 14 Patienten eine Herztransplantation. Da wir von insgesamt 80 Patienten das Alter wissen, können wir den Prozentsatz ermitteln:

$$\left(\frac{14}{80}\right) \times (100\,\%) = 17,5\,\%$$

Beim Interpretieren von Prozentsätzen ist aber Vorsicht angebracht.

Eine Aussage, dass 17,5 % einer Stichprobe bestimmte Kriterien erfüllt, hat bei einer Stichprobe von nur vier Objekten natürlich nicht denselben Informations-gehalt wie bei einer Stichprobe aus 400 Objekten.

Prozentsätze dienen daher nur als Hilfe beim Interpretieren von Daten, ersetzen die tatsächlichen Daten aber nicht.

Testen Sie Ihr Wissen

Die Lösungen finden Sie auf Seite 177.

Aufgabe 4.1
Eine Bodenprobe hatte zu Beginn eine Masse von 375 g. Durch vollständiges Trocknen verringerte sich die Masse um 40 %. Welche Masse an Wasser hatte die Probe enthalten?

Aufgabe 4.2
Die maximale Atemgeschwindigkeit eines Patienten betrug während eines Asthma-Anfalls 400 Liter Luft pro Minute.
Zwanzig Minuten nach der Behandlung war sie auf 560 Liter Luft pro Minute angestiegen. Wie hoch war die prozentuale Zunahme?

Aufgabe 4.3
Die mittlere Masse des abgefallenen Laubes in einem Waldstück betrug pro Quadratmeter 900 g. Nach einem Monat war sie um 18 % geringer. Wie hoch war sie dann?

Aufgabe 4.4
In 100 ml einer auf 37 °C gehaltenen Zellkultur betrug die Konzentration von *E. coli* unmittelbar nach der Impfung 24 Millionen Zellen pro ml.
Drei Stunden später war sie auf 912 Millionen Zellen pro ml angestiegen.
Wie hoch war die prozentuale Zunahme?

5 Potenzen

Bei sehr großen und ebenso bei sehr kleinen Zahlen, wie sie in den Biowissenschaften und der Medizin häufig vorkommen, bietet sich die Potenzschreibweise an. Sie ist außerdem hilfreich beim Beschreiben von exponentiellen und anderen Beziehungen sowie in der Infinitesimalrechnung und der statistischen Analyse.

5.1 Exponenten

Der **Exponent** einer Zahl wird auch als **Hochzahl** bezeichnet.

3^2 ist dasselbe wie „3 zum Quadrat" oder „3 hoch 2" oder „3 zur Potenz 2",

3^3 ist dasselbe wie „3 hoch 3" oder „3 zur Potenz 3",

$3 \times 3 \times 3 \times 3$ ist 3^4 oder „3 hoch 4" oder „3 zur Potenz 4"

und so weiter.

Der Exponent einer Zahl ist gleichzeitig ihr **Logarithmus** (siehe Kapitel 16).

5.2 Potenzen von 10

Sehr große und sehr kleine Zahlen werden meist mithilfe von **Potenzen der Zahl 10** geschrieben.

Potenzen der Zahl 10			
10er-Potenz	Gesprochen als	Berechnet durch	Gewöhnliche Dezimalschreibweise
10^4	„10 hoch 4"	$10 \times 10 \times 10 \times 10$	10 000
10^3	„10 hoch 3"	$10 \times 10 \times 10$	1000
10^2	„10 hoch 2" oder „10-Quadrat"	10×10	100
10^1	„10 hoch 1"	10	10
10^0	„10 hoch null"	$\frac{10}{10}$	1
10^{-1}	„10 hoch minus 1"	$\frac{1}{10}$	$\frac{1}{10}$ oder 0,1
10^{-2}	„10 hoch minus 2"	$\frac{1}{10 \times 10}$	$\frac{1}{100}$ oder 0,01

Es können praktisch beliebige Zahlen mit Zehnerpotenzen geschrieben werden, beispielsweise:

$$2\,380\,000 = 2,38 \times 1\,000\,000 = 2,38 \times 10^6$$

Die Schreibweise $2\,380\,000$ oder auch $2.380.000$ ist die **gewöhnliche Dezimalschreibweise**.

Die Schreibweise $2,38 \times 10^6$, bei der vor dem Dezimalkomma nur eine Ziffer steht, ist die **Standardform der Potenzschreibweise**.

Für jede Stelle, um die das Dezimalkomma nach links gerückt wird, nimmt die hiermit zu multiplizierende Zehnerpotenz um 1 zu.

In diesem Beispiel musste zum Erzielen der Standardform der Potenzschreibweise das Dezimalkomma um 6 Stellen nach links gerückt werden, sodass die Zahl 10 den Exponenten 6 erhielt.

Auch sehr kleine Zahlen können in der Standardform der Potenzschreibweise geschrieben werden:

$$0,0056 = 5,6 \times 0,001 = 5,6 \times 10^{-3}$$

Die Potenz der Zahl 10 muss jeweils um 1 kleiner werden, wenn das Dezimalkomma um eine Stelle nach rechts gerückt wird.

Die Standardform wurde hier durch Verschieben des Dezimalkommas um drei Stellen nach rechts erzielt, sodass die Zahl 10 den Exponenten -3 erhielt.

5.3   Multiplizieren und Dividieren von Potenzzahlen

Werden Zahlen mit Potenzen multipliziert, so sind die Potenzen zu *addieren*.

Beispiele

$$3^3 \times 3^2 = 3^{3+2} = 3^5 = 3 \times 3 \times 3 \times 3 \times 3 = 243$$

$$10^4 \times 10^2 = 10^{4+2} = 10^6 = 10 \times 10 \times 10 \times 10 \times 10 \times 10 = 1\,000\,000$$

Entsprechend sind beim Dividieren von Zahlen mit Potenzen die Potenzen zu *subtrahieren*.

Beispiele

$$3^6 / 3^2 = 3^{6-2} = 3^4 = 3 \times 3 \times 3 \times 3 = 81$$

$$10^7 / 10^3 = 10^{7-3} = 10^4 = 10 \times 10 \times 10 \times 10 = 10\,000$$

5.4   Multiplizieren und Dividieren von Zahlen in der Standardform

Beim Multiplizieren oder Dividieren von Zahlen in der Standardform sind die Zahlenfaktoren und die 10er-Potenzen zu jeweils einer Gruppe zusammenzufassen.

> **Beispiel**
>
> Eine Wasserprobe enthält in einem Liter 2200 (bzw. $2{,}2 \times 10^3$) Bakterien. Zum Berechnen der Bakterienanzahl in 36 000 Litern (bzw. $3{,}6 \times 10^4$ l) Wasser müssen wir die Zahlen $3{,}6 \times 10^4$ und $2{,}2 \times 10^3$ multiplizieren.
>
> Das entsprechende Gruppieren der Zahlen $(3{,}6 \times 2{,}2)$ und auch der 10er-Potenzen $(10^4 \times 10^3)$ ergibt
>
> $$(3{,}6 \times 2{,}2)\,(10^4 \times 10^3) = 7{,}92 \times 10^{4+3} = 7{,}92 \times 10^7$$
>
> Beachten Sie, dass das Multiplikationszeichen zwischen den Klammern meist nicht geschrieben wird, dass also $(3{,}6 \times 2{,}2)\,(10^4 \times 10^3)$ nichts anderes bedeutet als $(3{,}6 \times 2{,}2) \times (10^4 \times 10^3)$.
>
> Somit liegen in 36 000 Litern Wasser $7{,}92 \times 10^7$ Bakterien vor.

5.5 Addieren und Subtrahieren von Zahlen in der Standardform

Wenn die Potenzen die gleichen sind, ist beim Addieren oder Subtrahieren von Zahlen in der Standardform Folgendes zu tun:

- Die beiden Zahlenfaktoren werden addiert bzw. subtrahiert;
- die Potenz wird nur einmal geschrieben.

> **Beispiel**
>
> Zwei Gewebestichproben haben eine Masse von $2{,}3 \times 10^{-3}$ kg bzw. $5{,}6 \times 10^{-3}$ kg.
>
> Ihre gesamte Masse ist
>
> $$(2{,}3 \text{ kg} + 5{,}6 \text{ kg}) \times 10^{-3} = 7{,}9 \times 10^{-3} \text{ kg}$$

Wenn die Potenzen verschieden sind, muss zunächst eine der beiden Zahlen aus der Standardform so umgeschrieben werden, dass sie dieselbe 10er-Potenz wie die andere hat. Dann werden die Zahlen addiert oder subtrahiert, wobei die Potenzen die gleichen bleiben, wie soeben beschrieben. Das Ergebnis kann wieder in die Standardform umgewandelt werden.

> **Beispiel**
>
> Zwei Proben Meerwasser haben ein Volumen von $4{,}41 \times 10^7$ mm^3 bzw. $7{,}9 \times 10^5$ mm^3.
>
> Es spielt keine Rolle, welcher Zahlenwert von der Standardform in eine andere Form umgewandelt wird, denn das Endergebnis wird dasselbe sein.
>
> Wir wandeln beispielsweise den ersten Zahlenwert um:
>
> $$4{,}41 \times 10^7 \text{ mm}^3 = 441 \times 10^5 \text{ mm}^3$$
>
> Das gesamte Volumen ergibt sich zu
>
> $$(441 \text{ mm}^3 + 7{,}9 \text{ mm}^3) \times 10^5 = 448{,}9 \times 10^5 \text{ mm}^3$$

> Wir wandeln wieder in die Standardform um (und runden das Ergebnis auf 3 gültige Stellen; siehe Kapitel 6):
>
> $$4,49 \times 10^7 \text{ mm}^3$$

Testen Sie Ihr Wissen

Die Lösungen finden Sie auf Seite 177.

Aufgabe 5.1
Eine Epidermiszelle eines Blatts der Zwiebel, *Allium cepa*, ist 0,00045 m lang. Schreiben Sie diesen Wert in die Standardform der Potenzschreibweise um.

Aufgabe 5.2
Die DNA des Human-Genoms besteht näherungsweise aus 3×10^9 Basenpaaren. Geben Sie diese Anzahl in der gewöhnlichen Dezimalschreibweise an.

Aufgabe 5.3
Eine ländliche Gegend hat im Durchschnitt 150 Einwohner pro Quadratkilometer. Geben Sie in der Standardform der Potenzschreibweise an, wie viele Einwohner demnach ein quadratisches Geblet von 40 km mal 40 km hat.

6 | Näherungen und Fehler

Zuweilen müssen Zahlen **angenähert** werden, wobei der **Grad der Genauigkeit** anzugeben ist.

6.1 Näherungen

Bei einer sehr einfachen und groben Methode, eine Zahl zu runden, wird die **nächste ganze Zahl** angegeben.

32,543716 liegt näher an 33 als an 32, also ist sie gleichbedeutend mit „33, auf die nächste ganze Zahl".

Der Grad der Genauigkeit geht aus der angegebenen **Anzahl der gültigen Nachkommastellen** hervor:

32,543716 entspricht 32,54 auf zwei Nachkommastellen bzw. 32,5437 auf vier Nachkommastellen.

Der Grad der Genauigkeit kann auch durch die Anzahl der **gültigen Stellen** oder gültigen Ziffern angegeben werden:

32,543716 entspricht 32,54 auf vier gültige Stellen.

> **Beispiel**
>
> 28 365 entspricht 28 000 auf zwei gültige Stellen.

6.2 Gültige Stellen und der Umgang mit Nullen

Wenn *innerhalb* einer Zahl Nullen vorliegen, gelten sie als gültige Stellen.

> **Beispiel**
>
> 10,54 hat vier gültige Stellen.

Sind die *letzten* Stellen einer *ganzen* Zahl Nullen, dann gelten diese nicht als gültige Stellen.

> **Beispiel**
>
> 6 754 000 hat vier gültige Stellen.

Stehen Nullen *am Anfang* einer Dezimalzahl, dann gelten diese Nullen nicht als gültige Stellen.

> **Beispiel**
>
> 0,0004832 hat vier gültige Stellen.

Dagegen gelten Nullen *am Ende der Nachkommastellen* einer Dezimalzahl als gültige Stellen.

> **Beispiel**
>
> 0,8760 hat vier gültige Stellen.

6.3 Runden von Zahlen

Sind Zahlen zu nähern (zu runden), dann bleibt die letzte gültige Stelle unverändert, wenn die nachfolgende Ziffer kleiner als 5 ist. Es wird also „abgerundet".

> **Beispiel**
>
> 6340 entspricht 6300 auf zwei gültige Stellen.

Die letzte gültige Stelle wird aufgerundet, wenn die nachfolgende Ziffer größer als 5 ist.

> **Beispiel**
>
> 6360 entspricht 6400 auf zwei gültige Stellen.

Wenn die auf die letzte gültige Stelle folgende Ziffer genau 5 ist, so wird nach der Konvention die letzte gültige Stelle aufgerundet.

> **Beispiel**
>
> 6350 entspricht 6400 auf zwei gültige Stellen.

6.4 Die Anzahl gültiger Stellen

Werden zwei oder mehr Messwerte ausgewertet, dann ist das Ergebnis nur so genau (oder zuverlässig) wie der ungenaueste Wert.

Die Anzahl der anzugebenden gültigen Stellen ist gleich der Anzahl gültiger Stellen des am wenigsten genauen Wertes, der in das Ergebnis eingeht.

Muss auf die Anzahl gültiger Stellen gerundet werden, so darf das immer erst beim Endergebnis geschehen.

> **Beispiel**
>
> Bei einem Experiment wurde gemessen, dass ein Tier in 8,5 Sekunden 47,81 Meter zurückgelegt hat. Wie hoch war seine Geschwindigkeit?
>
> Der weniger genau bekannte Wert ist die mit zwei gültigen Stellen angegebene Zeitspanne. Daher darf die errechnete Geschwindigkeit auch nur auf zwei gültige Stellen angegeben werden:
>
> $$\frac{47,81 \text{ m}}{8,5 \text{ s}} = 5,6247 \text{ m s}^{-1} = 5,6 \text{ m s}^{-1}$$
>
> Die Geschwindigkeitseinheit „Meter pro Sekunde" kann auch als m/s geschrieben werden.

6.5   Fehler

Immer wenn Näherungen verwendet werden, sind die Werte mit einem gewissen **Fehler** behaftet.

Wird beispielsweise die Höhe einer Pflanze mit 4 m angegeben, dann geht aus der einzigen Stelle hervor, dass das Messergebnis nur auf ganze Meter korrekt ist. Es liegt also ein Fehler von ±0,5 m vor, sodass die tatsächliche Höhe irgendwo zwischen 3,5 m und ganz knapp unter 4,5 m liegt. (Wir erinnern uns daran, dass ein Wert von genau 4,5 m auf 5 m aufzurunden wäre.)

Wird die Höhe der Pflanze mit 4,29 m angegeben, beträgt der Fehler ±0,005 m, und die tatsächliche Höhe liegt irgendwo zwischen 4,285 m und ganz knapp unter 4,295 m.

6.6   Präzision und Genauigkeit

Messinstrumente können zwar sehr präzise anzeigen, d. h. auf viele Dezimalstellen, aber trotzdem ungenaue Werte liefern, beispielsweise aufgrund unzureichender oder fehlerhafter Kalibrierung.

> **Beispiel**
>
> Ein pH-Meter zeigt den pH-Wert auf drei Dezimalstellen genau an. Wurde es jedoch nicht richtig kalibriert, so ist der angezeigte Wert stets ungenauer, als es der Anzahl der angezeigten Dezimalstellen entspricht.

Testen Sie Ihr Wissen

Die Lösungen finden Sie auf Seite 178.

Aufgabe 6.1
Ein Kind ist 1,050 m groß. Wie viele gültige Stellen hat diese Angabe?

Aufgabe 6.2
In 0,137 m^3 Wasser sind 58,44 g NaCl gelöst. Berechnen Sie mithilfe eines Taschenrechners die Konzentration in Gramm pro Kubikmeter und geben Sie das Ergebnis mit der richtigen Anzahl gültiger Stellen an.

Aufgabe 6.3
Die Masse eines Hühnereis ist mit 56 g, auf das nächste ganze Gramm, angegeben. In welchem Bereich liegt die tatsächliche Masse?

Einführung in Graphen

Daten können in Tabellen zusammengestellt werden. Jedoch sind sie oft leichter zu verstehen und zu interpretieren, wenn sie in einem so genannten Graphen präsentiert werden.

Graphen unterstützen auch die Interpretation der Beziehung zwischen den Größen bzw. Variablen.

7.1 Die x- und die y-Achse

Um zwei Variablen zu vergleichen, verwendet man einen zweidimensionalen Graphen. Gewöhnlich wird er mithilfe einer **x-Achse** und einer **y-Achse** gezeichnet.

Dabei ist die x-Achse die waagerechte und die y-Achse die senkrechte Achse.

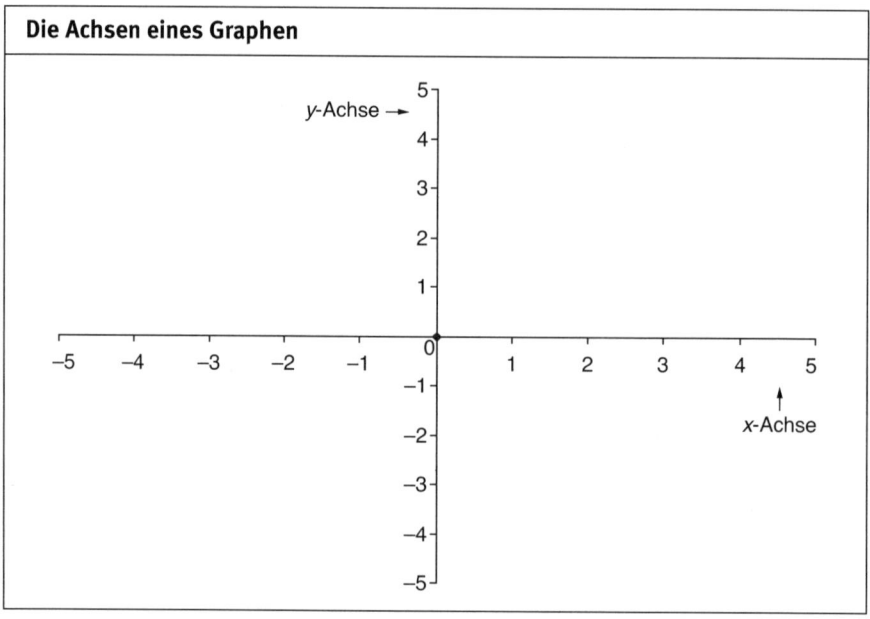

Die Achsen eines Graphen

Auf der x-Achse wird gewöhnlich die „steuerbare", d. h. die **unabhängige Variable** aufgetragen. Das ist die Variable, die nicht von der anderen abhängt, sodass ihre Werte frei festgelegt werden können.

Die andere, die **abhängige Variable** wird entsprechend auf der y-Achse aufgetragen. Ihre jeweiligen Werte ergeben sich aus ihrer Abhängigkeit von der unabhängigen Variablen, können also für die entsprechenden x-Werte ermittelt werden.

> **Beispiel**
>
> Es soll anhand einer bestimmten Größe der zeitliche Verlauf einer chemischen Reaktion ermittelt werden. Dazu wird die Zeit auf der x-Achse und die betreffende Größe auf der y-Achse aufgetragen. Dann kann der Forscher jeweils entscheiden, für welche Zeitpunkte die Größe abgelesen wird.

7.2 Auftragen von Werten in einem Graphen

Nehmen wir an, wir wollen die in der Tabelle angegebenen Werte in einem Graphen **auftragen**.

x- und y-Werte				
Wert von x	0	2	4	6
Wert von y	1	3	5	7

Zuerst müssen wir die x- und die y-Achse im jeweils geeigneten Maßstab zeichnen. In diesem Beispiel bietet sich in beiden Fällen der Bereich zwischen 0 und 8 an.

Dann tragen wir die Werte auf.

Für das erste Wertepaar, bei dem x = 0 und y = 1 ist, gehen wir vom Wert 0 auf der x-Achse aus und bewegen uns senkrecht nach oben, bis wir den Wert 1 auf der y-Achse erreichen. Diesen Punkt markieren wir.

In Computersoftware, Büchern und Zeitschriften werden in Graphen oft Punkte verwendet; aber bei Handzeichnungen ist ein Kreuz besser geeignet, weil der Schnittpunkt seiner Linien die Position genauer markiert als ein Punkt, der ja mehr oder weniger fett „gemalt" werden muss.

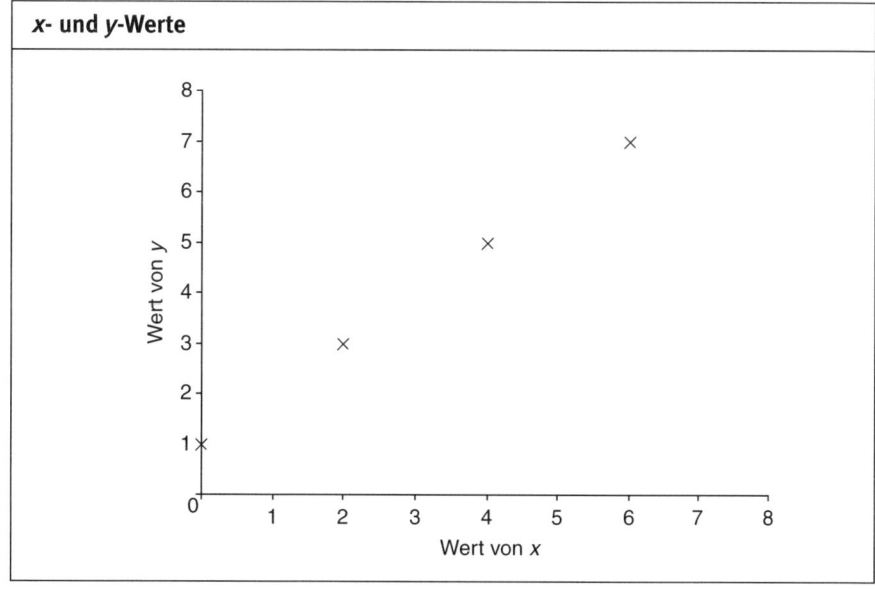

7.3   Koordinaten

Wir können einen Punkt eines Graphen durch seine **Koordinaten** definieren.

Ein Koordinate wird in folgender Form notiert:

(x-Wert, y-Wert)

Daher sind die Koordinaten der Punkte unseres Graphen:

(0, 1), (2, 3), (4, 5) und (6, 7)

Die Koordinate (0, 0) nennt man den **Ursprung** des Graphen.

7.4   Proportionalität

Variablen stehen in einem bestimmten Verhältnis zueinander, d. h. sind zueinander **(direkt) proportional**, wenn gilt:

- Ist eine Variable null, dann ist es auch die andere;
- ändert sich eine Variable, so tut es die andere im gleichen Verhältnis.

> **Beispiel**
>
> Die Anzahl der Plankton-Lebewesen in gleichen Meerwasserproben ist direkt proportional zum Volumen der Wasserprobe. Ist das Volumen doppelt so groß, dann sind auch zweimal so viel Plankton-Lebewesen darin. Und wenn gar kein Wasser betrachtet wird, kann natürlich kein Plankton vorhanden sein.

Eine Proportionalität wird durch das Zeichen $\propto$ symbolisiert. Also bedeutet $x \propto y$, dass der Wert der Variablen x direkt proportional zum Wert der Variablen y ist.

Das kann in Form eines Graphen dargestellt werden.

> **Beispiel**
>
> Die gerade Linie im folgenden Graphen zeigt an, wie die Anzahl von Plankton-Lebewesen in gleichen Meerwasserproben mit deren Volumen zusammenhängt.

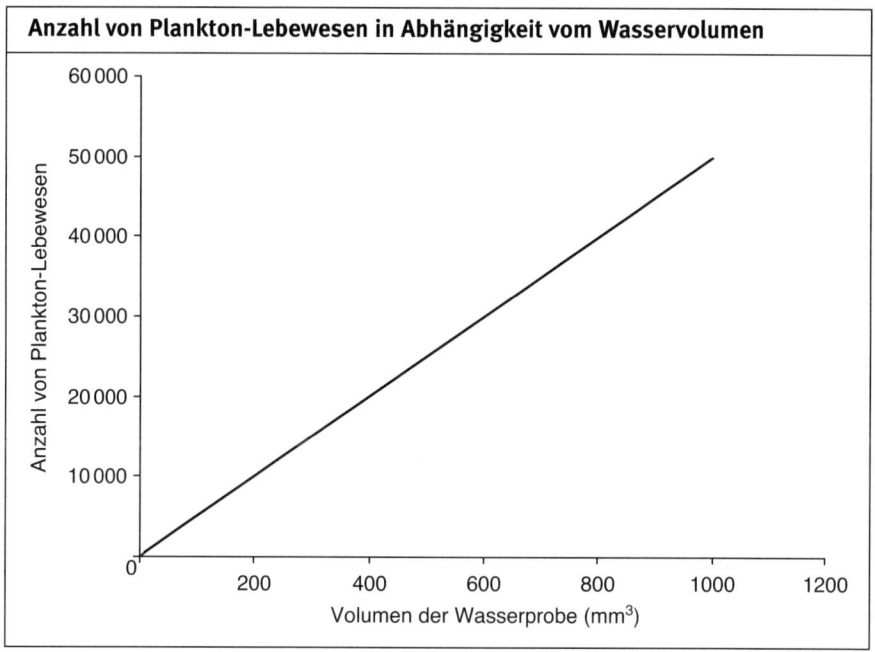

Wenn eine gerade Linie eines Graphen durch den Ursprung geht, kann sie mithilfe der Gleichung

$$y = m\,x$$

beschrieben werden. Darin ist m der Gradient (oder die Steigung) des Graphen.

Angenommen, zwei Variablen sind direkt proportional zueinander. Wenn wir die Werte beider Variablen kennen, können wir den Gradienten des Graphen berechnen. Und kennen wir eine Variable und den Gradienten, so können wir den Wert der anderen Variablen berechnen.

Testen Sie Ihr Wissen

Die Lösung finden Sie auf Seite 178.

Aufgabe 7.1
Bei einem Experiment wurde in einer Tabelle festgehalten, wie viele Fehler eine Ratte bei aufeinander folgenden Durchläufen durch ein Labyrinth jeweils machte.

Tragen Sie die in der Tabelle aufgeführten Werte in einem Graphen auf.

Anzahl der Fehler einer Ratte im Labyrinth						
Nr. des Durchlaufs	1	2	3	4	5	6
Anzahl der Fehler	31	18	15	6	7	3

8 | Der Gradient eines Graphen

Der Gradient eines Graphen gibt an, wie steil er verläuft.

8.1 Der Gradient einer Geraden

Zum Berechnen des Gradienten ist für einen Abschnitt des Graphen zunächst die Anzahl der Einheiten zu ermitteln, die er entlang der *y*-Achse überstreicht. Diese Anzahl ist dann durch die Anzahl der Einheiten zu dividieren, die derselbe Abschnitt entlang der *x*-Achse überstreicht.

Der **Gradient** (oder die **Steigung**) ist also definiert durch $\frac{\text{Änderung von } y}{\text{Änderung von } x}$.

> **Beispiel**
>
> Dieser Graph überstreicht zwei Einheiten entlang der *y*-Achse, wenn er entlang der *x*-Achse eine Einheit überstreicht.

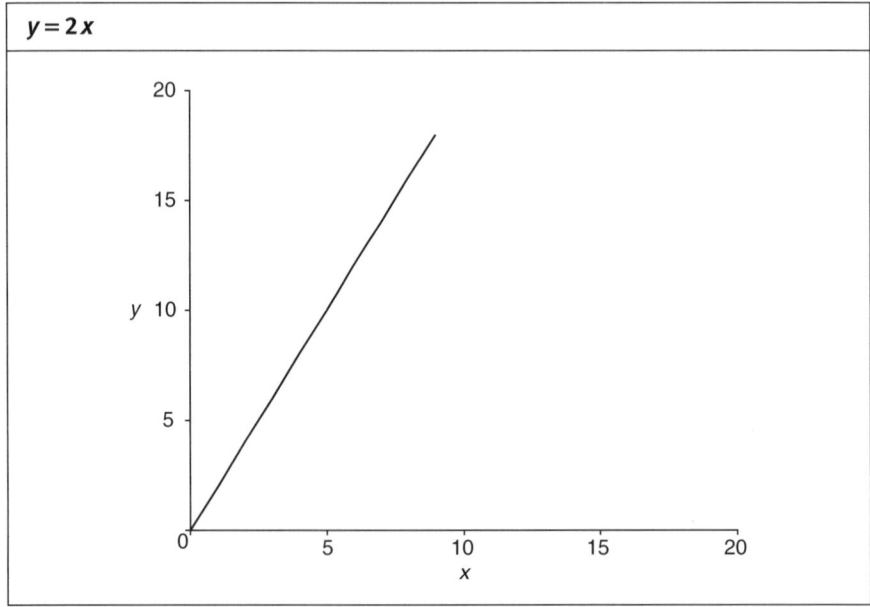

Der Gradient ist – wie eben definiert – die Änderung von *y*, bezogen auf die Änderung von *x*, hier also 2/1 oder 2. Also hat der Graph die Gleichung *y* = 2*x*.

Je steiler der Graph verläuft, desto höher ist der Wert des Gradienten.

In der nächsten Abbildung ist die Gleichung $y = x/3$ aufgetragen, wobei beide Achsen jeweils denselben Maßstab wie in der vorigen Abbildung haben.

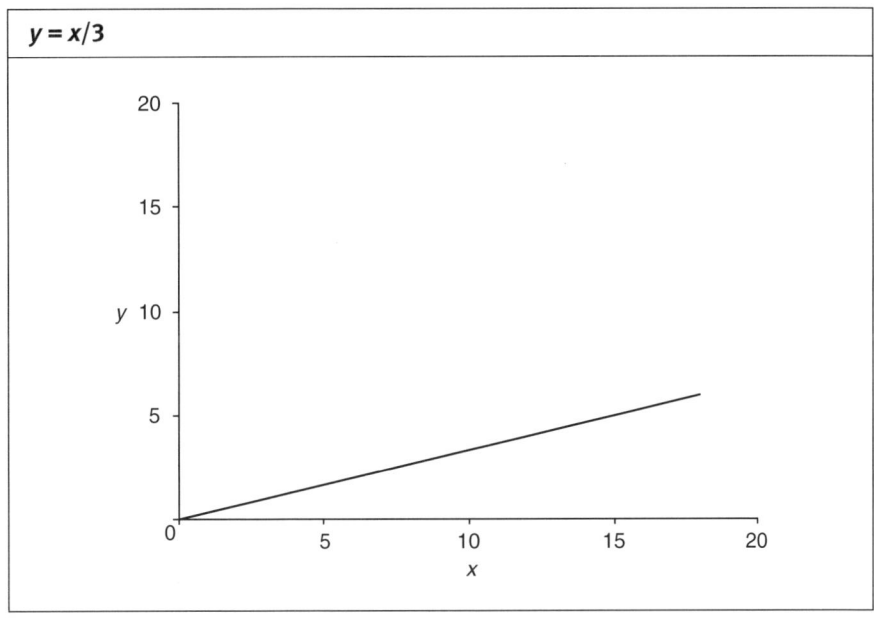

Der Gradient kann beispielsweise als Dezimalzahl angegeben werden. Hier beträgt er 0,3333, auf vier gültige Stellen.

8.2   Die Gleichung für den Gradienten

Die Gleichung, die den Gradienten

$$\frac{\text{Änderung von } y}{\text{Änderung von } x}$$

beschreibt, lautet:

$$\frac{y_2 - y_1}{x_2 - x_1}$$

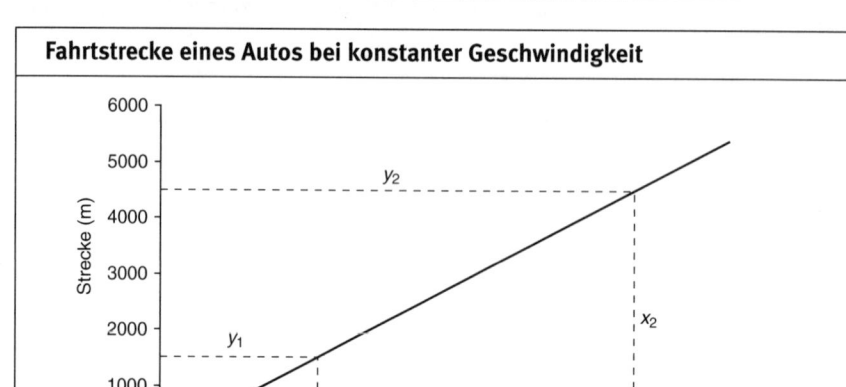

Beispiel

Fahrtstrecke eines Autos bei konstanter Geschwindigkeit

Hier ist in Abhängigkeit von der Zeit die Fahrtstrecke aufgetragen, die ein mit konstanter Geschwindigkeit fahrendes Auto zurücklegt.

Zwischen der 100. und der 300. Sekunde ist es von der 1500-m-Marke bis zur 4500-m-Marke gekommen. Der Gradient ist daher

$$\frac{y_2 - y_1}{x_2 - x_1} = \frac{4500\,\text{m} - 1500\,\text{m}}{300\,\text{s} - 100\,\text{s}} = \frac{3000}{200}\,\text{m}\,\text{s}^{-1} = 15\,\text{m}\,\text{s}^{-1}$$

Das Auto fährt also mit einer Geschwindigkeit von 15 Metern pro Sekunde, und die Gleichung für den Graphen lautet $y = (15\,\text{m}\,\text{s}^{-1})\,x$.

8.3 Das Formelzeichen für den Gradienten

Die Steigung (der Gradient) einer Geraden wird meist mit dem Buchstaben m symbolisiert. Daher gilt

$$\frac{\text{Änderung von } y}{\text{Änderung von } x} = m$$

Die Größe m ist die **Änderungsrate** von y relativ zu x.

8.4 Negative Gradienten

Der nächste Graph verläuft entlang der y-Achse um zwei Einheiten *nach unten*, wenn entlang der x-Achse eine Einheit nach rechts überstrichen wird.

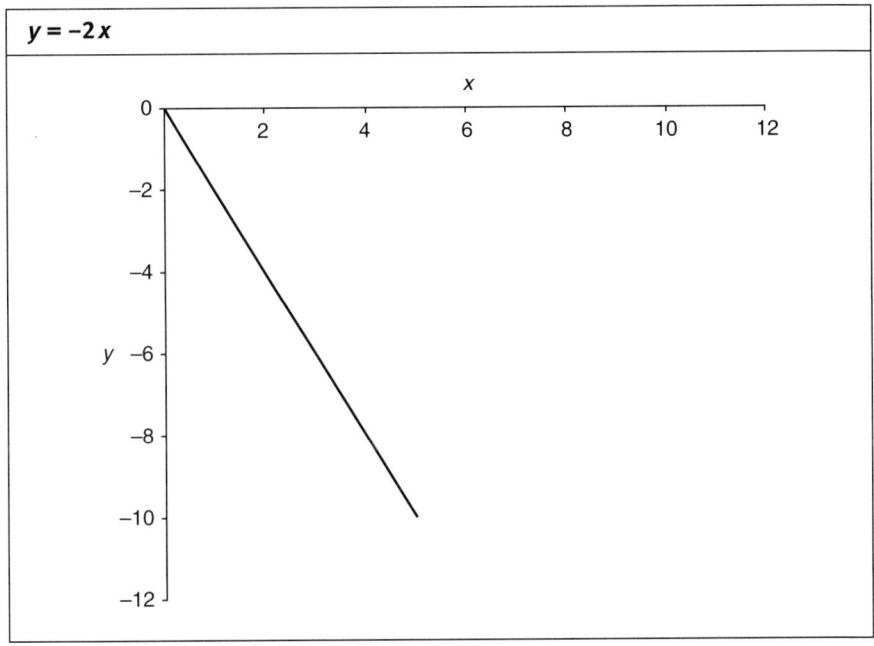

Der Gradient ist also −2/1 oder −2, und die Gleichung des Graphen lautet $y = -2x$.

Eine Linie, die nach rechts oben verläuft, hat einen *positiven* Gradienten, …

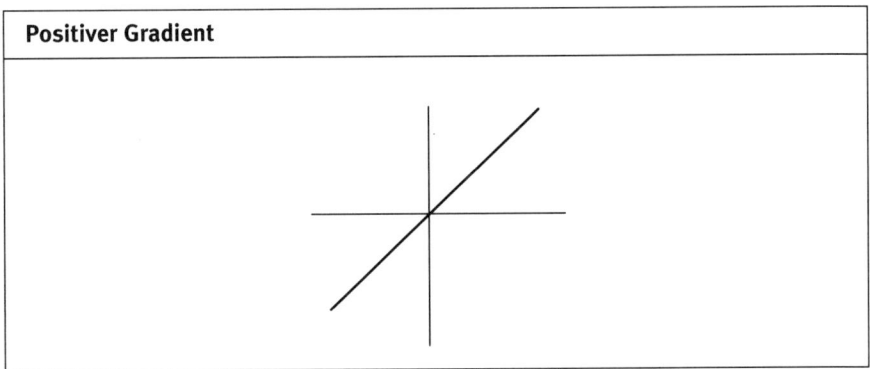

… während eine Linie, die nach rechts unten verläuft, einen *negativen* Gradienten hat.

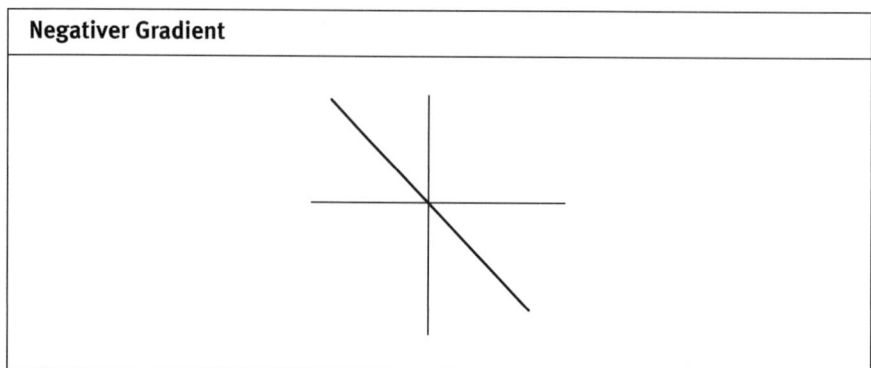

Negativer Gradient

8.5 Graphen, die nicht durch den Ursprung verlaufen

Der nächste Graph hat einen Gradienten von 4, aber die Gerade verläuft nicht durch den Ursprung, der ja die Koordinaten (0, 0) hat.

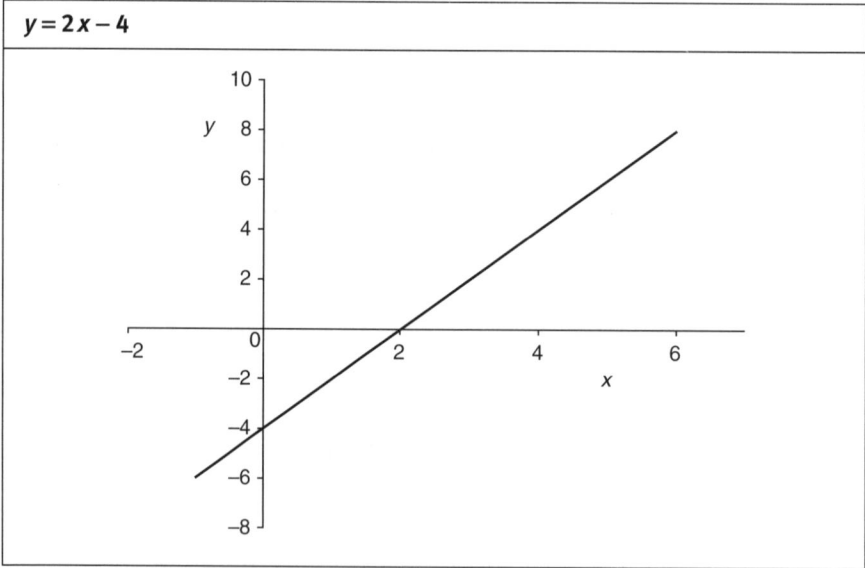

$y = 2x - 4$

Die allgemeine Gleichung für einen nicht durch (0, 0) verlaufenden Graphen lautet $y = mx + c$. Darin ist (wie zuvor) m der Gradient, und c ist der Punkt, an dem die Gerade die y-Achse schneidet (d. h. für $x = 0$ ist $y = c$). Die Größe c ist der so genannte Achsenabschnitt auf der y-Achse.

Hier ist der Gradient 2, und die Gerade schneidet die y-Achse bei −4. Daher lautet ihre Gleichung $y = 2x - 4$.

8.6   Lineare Gleichungen

Die Gleichung $y = mx + c$ ist eine **lineare Gleichung**, da sie einen geradlinigen Graphen beschreibt. Anders ausgedrückt: Zwischen den beiden Variablen x und y besteht eine lineare Beziehung.

Testen Sie Ihr Wissen

Die Lösungen finden Sie auf Seite 178.

Aufgabe 8.1
Der folgende Graph zeigt in Abhängigkeit von der Zeit die Strecke, die ein Radfahrer während 50 Minuten zurückgelegt hat. Berechnen Sie seine Geschwindigkeit in Kilometern pro Stunde.

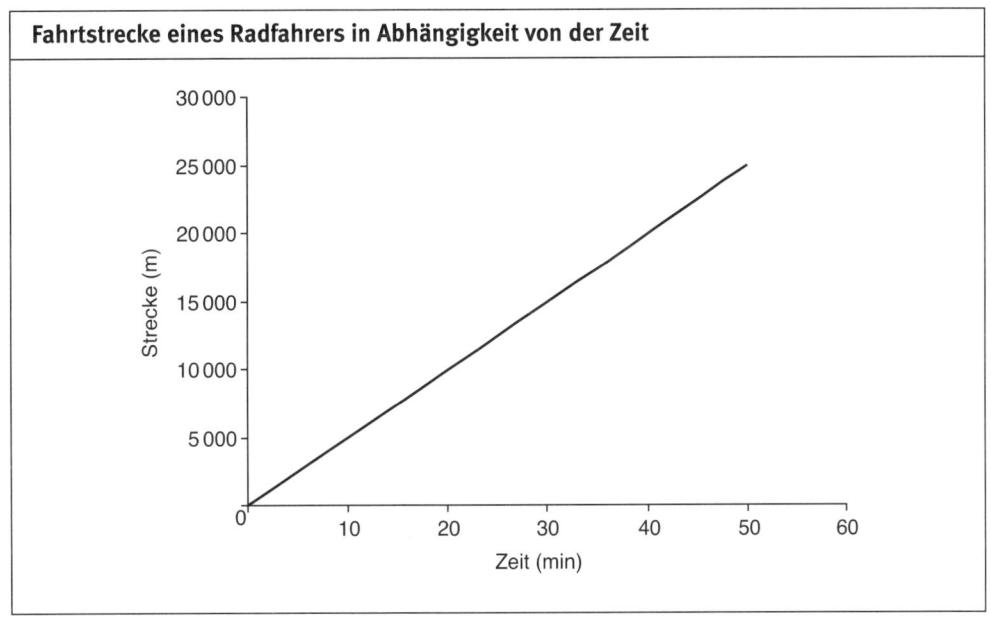

Fahrtstrecke eines Radfahrers in Abhängigkeit von der Zeit

Aufgabe 8.2
Ein neugeborenes Mädchen ist 500 mm groß. Es wächst pro Woche um 10 mm. Stellen Sie eine Gleichung für diese Beziehung auf und zeichnen Sie einen Graphen, der das Wachstum in den ersten 6 Wochen zeigt.

Aufgabe 8.3
Eine Eibe, *Taxus baccata*, wurde als Schößling eingesetzt. Nach einem Jahr war sie 200 mm hoch und nach zwei weiteren Jahren 400 mm hoch. Stellen Sie eine Gleichung auf, die ihr Wachstum in Abhängigkeit von der Zeit beschreibt. Nehmen Sie dazu eine konstante Wachstumsgeschwindigkeit an. Berechnen Sie, wie groß der Schößling beim Einsetzen gewesen war.

9 | Algebra

In der **Algebra** dienen verschiedene Symbole oder Zeichen sozusagen als Stellvertreter oder Platzhalter für Zahlen, Werte oder Ausdrücke. Dieses Teilgebiet der Mathematik erlaubt es, allgemeine Beziehungen zwischen Größen zu formulieren.

Wollen wir mit Gleichungen und Formeln umgehen, beispielsweise in den Biowissenschaften und der Medizin, müssen wir die Gesetzmäßigkeiten und Regeln der Algebra beherrschen.

9.1 Anwenden von Symbolen

In der Arithmetik haben 2, 5, 7, 9, 10 usw. jeweils einen festen Wert.

In der Algebra stehen a, b, c, x, y, z usw. jeweils für einen *veränderlichen* Wert.

Beispielsweise können wir den Buchstaben x als Symbol einer Unbekannten bzw. einer Variablen verwenden. Als Symbol für einen festen Wert dient meist a, b, c oder irgendein anderer Buchstabe.

9.2 Vereinfachen von Ausdrücken

Manche algebraischen Ausdrücke können durch Zusammenfassen **vereinfacht** werden.

> **Beispiel**
>
> $4\,a + 3\,a$ kann vereinfacht werden zu $7\,a$.
>
> $4\,a + 6\,b + 3\,a + b$ kann vereinfacht werden zu $7\,a + 7\,b$. Das kann weiter vereinfacht werden zu $7\,(a + b)$.

Ausdrücke mit gleicher Potenz können zusammengefasst werden.

> **Beispiel**
>
> $2\,a^2$ ist das Gleiche wie $a^2 + a^2$.
>
> $3\,a^2$ ist das Gleiche wie $a^2 + a^2 + a^2$.
>
> Also ist $3\,a^2$ plus $2\,a^2$ das Gleiche wie $a^2 + a^2 + a^2 + a^2 + a^2$, was zu $5\,a^2$ vereinfacht werden kann.
>
> $4\,a^4$ plus $5\,a^4$ kann vereinfacht werden zu $9\,a^4$.

Ausdrücke mit unterschiedlichen Potenzen können nicht zusammengefasst werden.

> **Beispiel**
>
> $2\,a^2$ ist das Gleiche wie $a^2 + a^2$.
>
> $3\,a^4$ ist das Gleiche wie $a^4 + a^4 + a^4$.
>
> Also ist $3\,a^4$ plus $2\,a^2$ das Gleiche wie $a^4 + a^4 + a^4 + a^2 + a^2$.
>
> Das kann jedoch nur zu $3\,a^4 + 2\,a^2$ vereinfacht werden.

Ausdrücke mit unterschiedlichen Potenzen müssen also separat zusammengefasst werden. Üblicherweise werden die Ausdrücke nach absteigenden Potenzen angeordnet.

> **Beispiel**
>
> $3\,a^2 + 6\,a^4 + 2\,a^2 + a$ kann vereinfacht werden zu
>
> $6\,a^4 + (3 + 2)\,a^2 + a$ und weiter zu
>
> $6\,a^4 + 5\,a^2 + a$.

9.3   Die Faktoren eines Ausdrucks

Im Abschnitt 2.1 haben wir gesehen, dass die Faktoren einer Zahl sämtliche ganzen Zahlen sind, durch die die betreffende Zahl ohne Rest teilbar ist.

Auch algebraische Ausdrücke können Faktoren haben.

> **Beispiel**
>
> Die Faktoren von $30\,a\,b^2$ umfassen 2, 3, 5, a und b.
>
> $30\,a\,b^2 = 2 \times 3 \times 5 \times a \times b \times b$
>
> Daher kann der Ausdruck auf verschiedene Arten geschrieben werden. Zwei Beispiele sind:
>
> $30\,a\,b^2 = 6\,(5\,a\,b^2)$
>
> $30\,a\,b^2 = 3\,b\,(10\,a\,b)$

9.4   Kürzen von Brüchen

Das **Kürzen** ist eine Methode, Brüche zu vereinfachen.

Gemeinsame Faktoren sind solche Faktoren, die zwei oder mehreren Ausdrücken gemeinsam sind. Um algebraische Brüche kürzen zu können, müssen wir zuvor die gemeinsamen Faktoren von Zähler und Nenner ermitteln.

> **Beispiel**
>
> $\dfrac{a^4\,b^2}{a^3\,c}$ kann vereinfacht werden, indem Zähler und Nenner durch a^3 dividiert
>
> werden:
>
> $$\frac{a^4\,b^2}{a^3\,c} = \frac{a\,b^2}{c}$$

Wenn man sich nicht sicher ist, sollte man statt der Potenzen sämtliche Faktoren notieren:

$$\frac{a^4 b^2}{a^3 c} = \frac{a \times a \times a \times a \times b \times b}{a \times a \times a \times c} = \frac{a\,b^2}{c}$$

9.5 Herauskürzen von Ausdrücken

Wir können Ausdrücke auf die gleiche Weise herauskürzen wie einzelne Variablen.

Beispiel

$$\frac{d^2 (a\,b + c)^5}{e\,(a\,b + c)^3}$$

kann vereinfacht werden, indem Zähler und Nenner durch $(a\,b + c)^3$ dividiert werden:

$$\frac{d^2 (a\,b + c)^5}{e\,(a\,b + c)^3} = \frac{d^2 (a\,b + c)^2 \,(a\,b + c)^3}{e\,(a\,b + c)^3} = \frac{d^2 (a\,b + c)^2}{e}$$

9.6 Nicht kürzbare Brüche

Haben der gesamte Zähler und der gesamte Nenner eines Bruches keinen gemeinsamen Faktor, dann kann der Bruch nicht gekürzt werden.

Beispiel

$$\frac{a^4 b^2 + d}{a^3 c}$$

kann durch Kürzen nicht vereinfacht werden, weil die Ausdrücke $a^4 b^2 + d$ und $a^3 c$ keinen gemeinsamen Faktor haben.

9.7 Ausmultiplizieren von Ausdrücken

Ausdrücke mit Klammern können **ausmultipliziert** werden.

Beispiel

$3\,(4\,a + 2\,b)$ kann ausmultipliziert werden zu $12\,a + 6\,b$.

Es muss jeder Teil in der Klammer mit jedem Teil außerhalb der Klammer multipliziert werden.

9.8 Der größte gemeinsame Faktor

Die **Faktorzerlegung** (oder das Faktorisieren) eines algebraischen Ausdrucks ist die Umkehrung des Ausmultiplizierens. Zum Zerlegen in Faktoren ist ein gemeinsamer Faktor zu finden und der restliche Ausdruck in Klammern zu setzen.

Dabei sollte der **größte gemeinsame Faktor** aller Faktoren ausgeklammert werden, damit der resultierende Ausdruck möglichst einfach wird.

> **Beispiel**
>
> Wir wollen $12\,a + 6\,b$ in Faktoren zerlegen.
>
> Wenn wir uns die beiden Summanden ansehen, stellen wir fest, dass sie die Zahl 6 als höchsten gemeinsamen Faktor haben.
>
> Wir klammern entsprechend aus und setzen den verbleibenden Ausdruck in Klammern. Die Faktorzerlegung liefert also
>
> $6\,(2\,a + b).$

9.9 Die Differenz zweier quadratischer Ausdrücke

Ein Spezialfall ist die **Differenz zweier quadratischer Ausdrücke**; sie kann in Faktoren zerlegt werden.

> **Beispiel**
>
> $a^2 - b^2 = (a - b)(a + b)$
>
> Beachten Sie, dass gilt: $(a - b)(a + b) = a^2 - b^2 + ab - ab = a^2 - b^2$.

Im Gegensatz dazu kann eine *Summe* zweier Quadrate *nicht* in Faktoren zerlegt werden.

> **Beispiel**
>
> $a^2 + b^2$ kann nicht in Faktoren zerlegt werden.

Testen Sie Ihr Wissen

Die Lösungen finden Sie auf Seite 179.

Aufgabe 9.1
Vereinfachen Sie
$15\,a^5 + 12\,a^5 + 2\,a^3 + 4\,a^2 + a^2 + 7\,a.$

Aufgabe 9.2
Vereinfachen Sie $\dfrac{a^2 b}{a^3} \times \dfrac{a^4 b^2}{b^3}$

Aufgabe 9.3
Vereinfachen Sie durch Kürzen
$\dfrac{a^3 b^3 (c + 2\,d)^4}{a^2 b^4 (c + 2\,d)}$

Aufgabe 9.4
Geben Sie für jeden dieser Brüche an, ob er durch Kürzen zu vereinfachen ist.

1) $\dfrac{a^2 - b^4}{b}$

2) $\dfrac{c^4 d^2 + b^2 c^2 d^2}{c^2 + b^2}$

3) $\dfrac{e^3 d^2 - cf}{cf}$

Aufgabe 9.5
Multiplizieren Sie $5\,a\,(2\,a - b^2)$ aus.

Aufgabe 9.6
Zerlegen Sie $6\,a^3 b^2 + 9\,a^2 b^4$ in Faktoren.

Aufgabe 9.7
Zerlegen Sie $a^2 - 4\,b^2$ in Faktoren.

Polynome

Manche der Beziehungen, die uns in den Wissenschaften begegnen, sind linear, etwa die Gleichung $y = mx + c$ für eine Gerade.

Dagegen beschreiben **Polynome** Beziehungen, die verschiedene *Potenzen* der betreffenden Variablen enthalten und damit nicht linear sind.

10.1 Definition

Polynome sind Ausdrücke, in denen bei jedem Summand (oder Term) eine Variable zu einer positiven ganzzahligen Potenz erhoben ist.

> **Beispiel**
>
> $5x^4 + 6a^2 - 4x + 3$ ist ein Polynom.

Der **Grad** eines Polynoms ist seine höchste Potenz.

> **Beispiel**
>
> $5x^4 + 6a^2 - 4x + 3$ ist ein Polynom vierten Grades.

Ein Polynom nullten Grades ist beispielsweise $4x^0 + a$, was dasselbe wie $4 + a$ ist.

10.2 Spezielle Polynome

Ein **binomischer** Ausdruck ist ein Polynom mit zwei Termen.

Ein **trinomischer** Ausdruck ist ein Polynom mit drei Termen.

Ein **quadratischer** Ausdruck ist ein Polynom zweiten Grades, denn seine höchste Potenz ist 2.

Ein **kubischer** Ausdruck ist ein Polynom dritten Grades, denn seine höchste Potenz ist 3.

> **Beispiel**
>
> $6a^2 - 4x + 3$ hat drei Terme, ist also ein Trinom. Seine höchste Potenz ist 2, sodass es ein quadratischer Ausdruck ist.

10.3 Addieren und Subtrahieren von Polynomen

Beim Addieren oder Subtrahieren von Polynomen ist jeder Term separat zu behandeln, und es dürfen immer nur Terme mit gleicher Potenz addiert oder subtrahiert werden.

> **Beispiel**
>
> Wir wollen das Polynom $4x^2 + 3x + 6$ und das Polynom $8x^3 + 2x + 4$ addieren. Dazu ordnen wir die Terme mit gleichen Potenzen am besten jeweils untereinander an:
>
> $$\begin{array}{r} 4x^2 + 3x + 6 \\ 8x^3 \phantom{{}+4x^2} + 2x + 4 \\ \hline 8x^3 + 4x^2 + 5x + 10 \end{array}$$
>
> Ebenso verfahren wir beim Subtrahieren, beispielsweise des Polynoms $x^3 + 6x^2 - 3$ vom Polynom $4x^2 + 2x + 1$:
>
> $$\begin{array}{r} 4x^2 + 2x + 1 \\ -(x^3) - (6x^2) -(-3) \\ \hline -x^3 - 2x^2 + 2x + 4 \end{array}$$

10.4   Multiplizieren von Polynomen

Beim Multiplizieren von Polynomen muss jeder Term im ersten Polynom mit jedem Term im zweiten Polynom multipliziert werden.

> **Beispiel**
>
> Die Multiplikation der beiden Polynome ersten Grades $x + 2$ und $x + 3$ kann als $(x + 2)(x + 3)$ formuliert werden.
>
> Wir müssen sowohl das x als auch die Zahl 2 im ersten Ausdruck sowohl mit dem x als auch mit der Zahl 3 im zweiten Ausdruck multiplizieren:
>
> $$(x + 2)(x + 3) = x(x + 3) + 2(x + 3)$$
>
> Das ergibt die Terme x^2, $3x$, $2x$ und 6.
>
> Addieren liefert das Polynom
>
> $$x^2 + 5x + 6$$
>
> Wir wollen nun die Ausdrücke $x^5 + 3x^4 + 2$ und $6x^2 + 3x - 5$ multiplizieren.
>
> Multiplizieren von x^5 mit jedem Term des zweiten Ausdrucks ergibt die Terme $6x^7$, $3x^6$ und $-5x^5$.
>
> Multiplizieren von $3x^4$ mit jedem Term des zweiten Ausdrucks ergibt die Terme $18x^6$, $9x^5$ und $-15x^4$.
>
> Multiplizieren der Zahl 2 mit jedem Term des zweiten Ausdrucks ergibt die Terme $12x^2$, $6x$ und -10.
>
> Addieren sämtlicher Terme liefert schließlich:
>
> $$\begin{array}{r} 6x^7 + 3x^6 - 5x^5 \\ + 18x^6 + 9x^5 - 15x^4 \\ + 12x^2 + 6x - 10 \\ \hline 6x^7 + 21x^6 + 4x^5 - 15x^4 + 12x^2 + 6x - 10 \end{array}$$

10.5   Faktorzerlegung von Polynomen

Im vorigen Kapitel wurde die Faktorzerlegung eines algebraischen Ausdrucks erläutert: Die gemeinsamen Faktoren sind auszuklammern, und der verbleibende Ausdruck ist in Klammern zu setzen.

Die Faktorzerlegung eines Polynoms wie $4x^3 - 6x^2 + 2x - 3$ entspricht der Umkehrung der Multiplikation, sodass wir wieder $(2x^2 + 1)(2x - 3)$ erhalten.

Die Suche nach den gemeinsamen Faktoren ist nicht immer leicht, aber Erfahrung zahlt sich dabei aus.

Wenn wir die Konstante im Polynom mit a bezeichnen, entsprechen viele Polynome einem der Muster, die in der Tabelle links aufgeführt sind. In derselben Zeile ist rechts davon jeweils gezeigt, wie die Faktorzerlegung vonstatten gehen kann.

Faktorzerlegung häufiger Polynome			
	Ausmultipliziertes Polynom	Zwischenschritt	Faktorisiertes Polynom
1	$x^2 + 2xa + a^2$	$(x + a)(x + a)$	$(x + a)^2$
2	$x^2 - 2xa + a^2$	$(x - a)(x - a)$	$(x - a)^2$
3	$x^2 - a^2$		$(x + a)(x - a)$
4	$x^3 + 3x^2a + 3xa^2 + a^3$	$(x + a)(x + a)(x + a)$	$(x + a)^3$
5	$x^3 - 3x^2a + 3xa^2 - a^3$	$(x - a)(x - a)(x - a)$	$(x - a)^3$

Beispiel

Das Polynom

$$x^2 + 8x + 16$$

kann faktorisiert werden zu

$$x^2 + 2(4x) + 4^2$$

Wenn wir $4 = a$ setzen, entspricht das genau dem ersten Polynom in der obigen Tabelle:

$$x^2 + 2xa + a^2$$

Hierfür entnehmen wir der Tabelle die Faktorzerlegung zu

$$(x + a)^2$$

Also ist $(x + 4)^2$ die Faktorzerlegung des Polynoms $x^2 + 8x + 16$.

Das können Sie durch Ausmultiplizieren von $(x + 4)(x + 4)$ überprüfen.

Testen Sie Ihr Wissen

Die Lösungen finden Sie auf Seite 179.

Aufgabe 10.1
Welchen Grad hat das folgende Polynom?
$6\,a^5 + 5\,a^3 + 2\,a^2 - 12$.

Aufgabe 10.2
Subtrahieren Sie
$6\,x^4 + 9\,x^3 - x^2 + 5$ von $2\,x^5 + 7\,x^4 + 5\,x^3 + 4$.

Aufgabe 10.3
Multiplizieren Sie folgenden Ausdruck aus:
$(4\,x^4 - x^2 + 5)\,(2\,x^5 + 3\,x^2 + 6)$.

Aufgabe 10.4
Zerlegen Sie das Polynom $x^2 - 6\,x + 9$ in Faktoren.

Algebraische Gleichungen

Viele der Beziehungen, die uns in den Wissenschaften begegnen, können mithilfe algebraischer Gleichungen verallgemeinert werden. Praktisch alles, vom Wachstum eines Kindes bis zur Geschwindigkeit der Photosynthese in einer Pflanze, kann mithilfe einer algebraischen Gleichung formuliert werden.

11.1 Ausgleichen beider Seiten

Bei einer Gleichung kann man sich das Gleichheitszeichen als den Drehpunkt einer Balkenwaage vorstellen.

Was immer wir auf einer Seite einer Gleichung tun, müssen wir auch auf der *gesamten* anderen Seite tun, beispielsweise Addieren, Subtrahieren, Multiplizieren oder Dividieren.

Beispiel

$$3x + 2 = 11$$
▲

Wenn wir auf jeder Seite der Gleichung die Zahl 2 subtrahieren, bleibt sie ausgeglichen:

$$3x + 2 - 2 = 11 - 2$$

Das kann vereinfacht werden zu

$$3x = 9$$

Nun dividieren wir beide Seiten durch 3:

$$\frac{3x}{3} = \frac{9}{3}$$

Also ist $x = 3$.

11.2 Umformen bei verschiedenen Potenzen

Wir können auch Gleichungen mit verschieden Potenzen umformen.

Beispiel

Wir wollen die Gleichung $ay^2 - b = x$ nach y auflösen. Das bedeutet, wir wollen wissen, welchem Ausdruck die Variable y gleicht. (Zuweilen sagt man, y wird zum „Subjekt" der Gleichung gemacht.)

Wir addieren b auf beiden Seiten:

$$ay^2 = x + b$$

Nun dividieren wir jede Seite durch a:

$$y^2 = \frac{x+b}{a}$$

Zum Schluss ziehen wir auf jeder Seite die Quadratwurzel:

$$y = \sqrt{\frac{x+b}{a}}$$

Testen Sie Ihr Wissen

Die Lösungen finden Sie auf Seite 180.

Aufgabe 11.1
Lösen Sie $3x^2 = 12$ nach x auf.

Aufgabe 11.2
Lösen Sie die Gleichung $x = 4y^3 + 1$ nach y auf.

12 Quadratische Gleichungen

Manche Zusammenhänge können mithilfe quadratischer Gleichungen beschrieben werden. Ein Beispiel dafür ist in der Populationsgenetik die Gleichung für das Hardy-Weinberg-Gleichgewicht.

12.1 Lösen quadratischer Gleichungen

Quadratische Gleichungen enthalten Ausdrücke oder Terme, in denen die Variable in der zweiten Potenz vorkommt, z. B. x^2.

Jede quadratische Gleichung hat im Prinzip zwei Lösungen. Das heißt, die Variable x kann zwei mögliche Werte annehmen.

Quadratische Gleichungen haben die Form

$$a x^2 + b x + c = 0$$

Darin sind a, b und c Konstanten.

Beispiel

$x^2 + 2x - 15 = 0$ ist ein Beispiel für eine quadratische Gleichung.

Wir vergleichen das mit der allgemeinen quadratischen Formel $a x^2 + b x + c = 0$.

Der Koeffizient a entspricht 1, und b entspricht 2 und c entspricht −15.

Die Variable x kann entweder gleich +3 oder gleich −5 sein.

12.2 Verschiedene Lösungsmethoden

Wir wollen vier Methoden zum Lösen quadratischer Gleichungen beschreiben:

- grafisch,
- durch Faktorzerlegung,
- mithilfe der quadratischen Formel,
- mithilfe der quadratischen Ergänzung.

12.3 Grafische Lösung

Wenn wir die quadratische Gleichung auftragen, sind ihre Lösungen die Punkte, in denen der Graph die x-Achse schneidet.

Beispiel

$$y = x^2 + 2x - 15$$

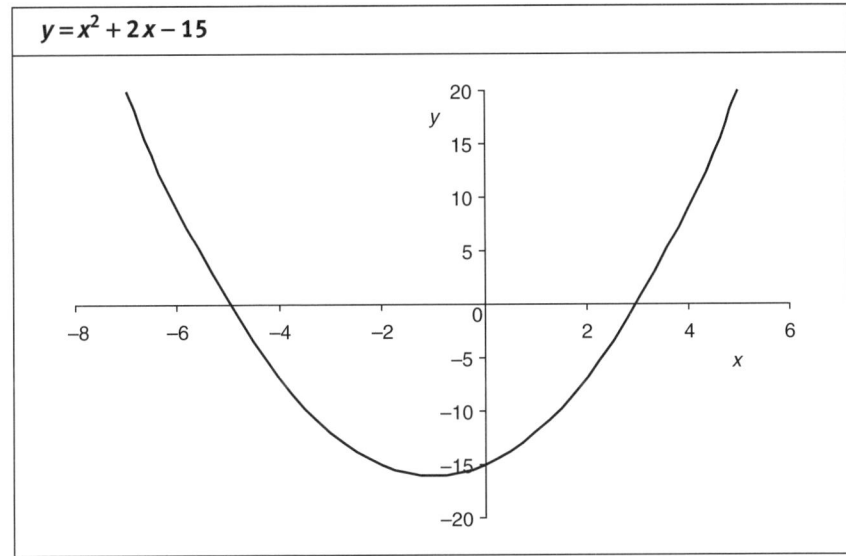

Dieser Graph schneidet die x-Achse bei +3 und bei −5. Das bedeutet: Für $y = 0$ ist entweder $x = +3$ oder $x = -5$.

Daher sind +3 und −5 die Lösungen der quadratischen Gleichung

$$x^2 + 2x - 15 = 0$$

12.4 Lösung durch Faktorzerlegung

Die in Kapitel 9 erläuterte Faktorzerlegung kann auch bei einer quadratischen Gleichung als Umkehrung einer Multiplikation angesehen werden. Die Lösungen ergeben sich dann dadurch, dass jeder Faktor gleich null gesetzt wird.

Beispiel

$$x^2 + 2x - 15 = 0$$

kann folgendermaßen in Faktoren zerlegt werden:

$$(x + 5)(x - 3) = 0$$

Das Produkt auf der linken Seite ist gleich null, wenn einer ihrer beiden Ausdrücke gleich null ist:

$$0(x - 3) = 0 \text{ oder } (x + 5)0 = 0$$

Damit der erste Faktor $(x + 5)$ null wird, muss $x = -5$ sein.

Damit der zweite Faktor $(x - 3)$ null wird, muss $x = +3$ sein.

Also ist $x = -5$ oder $x = 3$.

12.5   Lösung mit der quadratischen Formel

Die Lösung der quadratischen Gleichung

$$ax^2 + bx + c = 0$$

kann mithilfe der **quadratischen Formel**

$$x = \frac{-b \pm \sqrt{b^2 - 4ac}}{2a}$$

berechnet werden. Wir können für die Koeffizienten a und b je eine Zahl einsetzen und dafür die beiden möglichen Werte von x berechnen.

> **Beispiel**
>
> Wir haben oben gesehen, dass bei der quadratischen Gleichung $x^2 + 2x - 15 = 0$ die Koeffizienten $a = 1$, $b = 2$ und $c = -15$ sind.
>
> $$x = \frac{-b \pm \sqrt{b^2 - 4ac}}{2a} = \frac{-2 \pm \sqrt{2^2 - (4 \times 1 \times (-15))}}{2 \times 1}$$
>
> $$= \frac{-2 \pm \sqrt{4 - (-60)}}{2} = \frac{-2 \pm \sqrt{64}}{2} = \frac{-2 \pm 8}{2}$$
>
> Die beiden Lösungen sind also
>
> $$\frac{-2 + 8}{2} = 3 \text{ und } \frac{-2 - 8}{2} = -5$$

12.6   Lösung durch quadratische Ergänzung

Hierbei wird ein trinomischer Ausdruck zweiten Grades erzeugt, dessen Quadratwurzel gezogen werden kann.

> **Beispiel**
>
> Um die Gleichung $3x^2 + 24x - 27 = 0$ zu lösen, bringen wir den x^2-Term und den x-Term auf eine Seite der Gleichung und die Konstante auf die andere Seite:
>
> $$3x^2 + 24x = 27$$
>
> Wir dividieren beide Seiten durch den Koeffizienten (den Multiplikator) von x^2 (in diesem Fall 3):
>
> $$\frac{3x^2}{3} + \frac{24x}{3} = \frac{27}{3}$$
>
> Also ist
>
> $$x^2 + 8x = 9$$
>
> Nun nehmen wir die Hälfte des Koeffizienten von x (in diesem Fall also $8/2 = 4$), quadrieren diese Hälfte, was 16 ergibt, und addieren das auf beiden Seiten.

Das ergibt ein quadratisches Trinom:

$$x^2 + 8x + 16 = 9 + 16$$

$$x^2 + 8x + 16 = 25$$

Jetzt wenden wir auf die linke Seite der Gleichung die Faktorzerlegung an:

$$(x + 4)^2 = 25$$

Schließlich ziehen wir auf beiden Seiten die Quadratwurzel:

$$\sqrt{(x + 4)^2} = \sqrt{25}$$

Weil eine Quadratwurzel positiv oder negativ sein kann, muss die rechte Seite der Gleichung das Plus-minus-Zeichen erhalten:.

$$x + 4 = \pm 5$$

Die Gleichung hat also die Lösungen

$$x = +5 - 4 = 1 \text{ und } x = -5 - 4 = -9$$

Testen Sie Ihr Wissen

Die Lösungen finden Sie auf Seite 180.

Aufgabe 12.1
Lösen Sie mithilfe der Faktorzerlegung die Gleichung $x^2 + 6x + 8 = 0$.

Aufgabe 12.2
Lösen Sie mithilfe der quadratischen Formel die Gleichung $x^2 + 6x + 8 = 0$.

Aufgabe 12.3
Lösen Sie mithilfe der quadratischen Ergänzung die Gleichung $x^2 + 6x + 8 = 0$.

13 Gleichungssysteme

Ein Gleichungssystem (man spricht auch von **simultanen Gleichungen**) liegt vor, wenn zwei oder mehrere Beziehungen gleichzeitig gelten.

Beispielsweise kann in den Biowissenschaften und der Medizin eine Beziehung zwischen zwei Variablen direkt mit der Beziehung zwischen zwei anderen Variablen zusammenhängen. So kann eine zeitliche Änderung der Populationsgröße einer Tierart die Populationsgrößen anderer Arten beeinflussen, die in der Nahrungskette höher angesiedelt sind. In derartigen Fällen können wir den Zusammenhang klären, indem wir das Populationswachstum der einen Art und die Populationsabnahme der anderen Art gleichzeitig untersuchen.

Mathematisch gesehen, geschieht das durch Lösen eines Gleichungssystems.

13.1 Zwei Gleichungen mit einer einzigen Lösung

Betrachten wir zunächst zwei Gleichungen, die durch je einen Wert von x und einen Wert von y erfüllt werden bzw. zu lösen sind.

> **Beispiel**
>
> Die Lösungen der Gleichungen
>
> $$x - y = 5 \text{ und } x + 2y = -4$$
>
> sind $x = 2$ und $y = -3$.

13.2 Drei Methoden zum Lösen simultaner Gleichungen

Simultane Gleichungen kann man auf folgende drei Arten lösen: grafisch sowie durch Einsetzen und durch Eliminieren.

13.3 Grafische Lösung

Wenn wir die beiden Gleichungen gemeinsam auftragen, ergeben die Koordinaten des Schnittpunkts ihrer Graphen die Lösung.

> **Beispiel**
>
> Zum grafischen Lösen der simultanen Gleichungen $x + 3y = 4$ und $6x - 5y = 1$ zeichnen wir beide Geraden in ein einziges Koordinatensystem ein. Ihre Lösung ist der Punkt, in dem sie sich schneiden.
>
> Zum Auftragen müssen wir die beiden Gleichungen in die Form $y = mx + c$ umstellen.

Die Gleichung $x + 3y = 4$ wird dabei zu $y = -x/3 + 1{,}333$.

Wie wir in Kapitel 8 festgestellt haben, ist dabei $-1/3$ der Gradient bzw. die Steigung der Geraden, die die y-Achse bei $+1{,}333$ schneidet.

Umformen der Gleichung $6x - 5y = 1$ ergibt entsprechend $y = 1{,}2x - 0{,}2$.

Der Gradient dieser Geraden ist $1{,}2$, und sie schneidet die y-Achse bei $-0{,}2$.

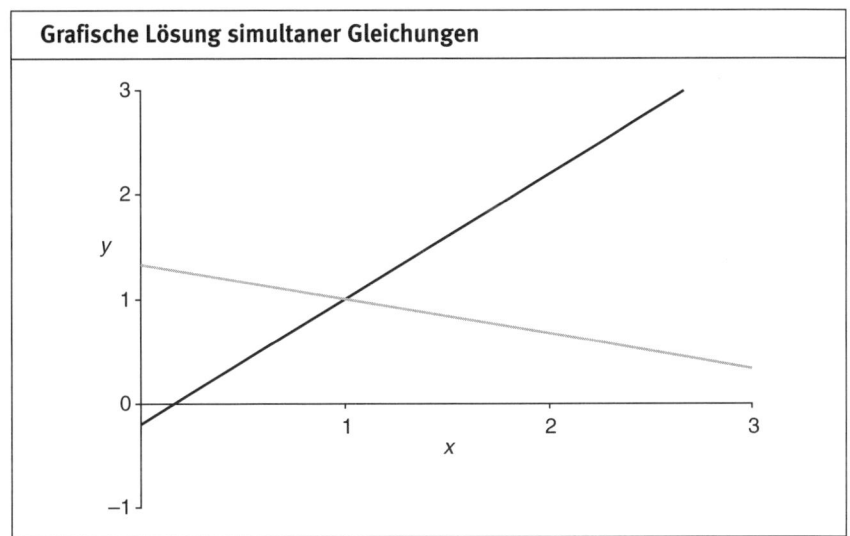

Grafische Lösung simultaner Gleichungen

Die Linien schneiden einander bei $(1, 1)$, d. h. bei $x = 1$ und $y = 1$, sodass die Lösung lautet: $x = 1$, $y = 1$.

13.4 Lösung durch Einsetzen

Bei dieser Lösungsmethode formen wir eine der Gleichungen so um, dass sich x als Ausdruck von y (oder umgekehrt) ergibt. Dieser Ausdruck wird dann in die andere Gleichung eingesetzt, sodass unmittelbar die Lösung berechnet werden kann.

Beispiel

Wir wollen die simultanen Gleichungen (bzw. das Gleichungssystem) $x + 3y = 4$ und $6x - 5y = 1$ durch Einsetzen lösen. Zunächst formen wir die erste Gleichung um, indem wir auf jeder Seite $3y$ subtrahieren:

$x = 4 - 3y$

Einsetzen in die zweite Gleichung ergibt

$6(4 - 3y) - 5y = 1$

Nun multiplizieren wir aus, was zu

$24 - 18y - 5y = 1$

führt, und subtrahieren auf jeder Seite die Zahl 24:

$$-18y - 5y = 1 - 24$$

Das lässt sich vereinfachen zu

$$-23y = -23$$

Dividieren beider Seiten durch −23 ergibt schließlich

$$y = 1$$

Jetzt kennen wir den Wert von y und können ihn in eine der beiden ursprünglichen Gleichungen einsetzen, um die Lösung für x zu berechnen:

$$x + 3y = 4$$

$$x + 3 \times 1 = x + 3 = 4$$

$$x = 4 - 3 = 1$$

Die Lösung ist also $x = 1$, $y = 1$.

13.5 Lösung durch Eliminieren

Die dritte hier vorgestellte Methode zum Lösen simultaner Gleichungen besteht im Eliminieren (wörtlich: Beseitigen) einer der Unbekannten (entweder x oder y).

Beispiel

Wie wollen die simultanen Gleichungen

$$x + 3y = 4 \qquad (1)$$

und

$$6x - 5y = 1 \qquad (2)$$

durch Eliminieren lösen. Dazu können wir Gleichung (1) umformen, indem wir beide Seiten mit 6 multiplizieren:

$$6(x + 3y) = 6 \times 4$$

Ausmultiplizieren liefert

$$6x + 18y = 24$$

Also ist Gleichung (1) gleichbedeutend mit

$$6x = 24 - 18y$$

Nun addieren wir $5y$ auf beiden Seiten der Gleichung (2):

$$6x = 1 + 5y$$

Jetzt steht in beiden Fällen $6x$ auf der linken Seite. Daher sind auch die rechten Seiten gleich:

$$24 - 18y = 1 + 5y$$

Wir bringen die Summanden mit y auf eine Seite und die reinen Zahlen auf die andere Seite:

$$-18\,y - 5\,y = 1 - 24$$

Daraus folgt

$$-23\,y = -23$$

Auch hier dividieren wir beide Seiten durch -23 und erhalten

$$y = 1$$

Wie bei der Lösung durch Einsetzen im vorigen Beispiel kann der jetzt bekannte Wert von y in eine der ursprünglichen Gleichungen eingesetzt werden, und es ergibt sich $x = 1$.

Testen Sie Ihr Wissen

Die Lösungen finden Sie auf Seite 180.

Aufgabe 13.1
Lösen Sie die Gleichungen
$2x + y = 8$ und $3x + 2y = 14$ durch Einsetzen.

Aufgabe 13.2
Lösen Sie die Gleichungen
$2x + y = 8$ und $3x + 2y = 14$ durch Eliminieren.

Aufgabe 13.3
Ein Dorf hat zu einem bestimmten Zeitpunkt 1000 Einwohner. Diese Anzahl steigt jedes Jahr um 50. In einem anderen Dorf mit zum selben Zeitpunkt 1600 Einwohnern nimmt die Einwohnerzahl pro Jahr um 50 ab.
Nach wie vielen Jahren haben beide Dörfer gleich viele Einwohner?
Wie viele Einwohner sind das? Lösen Sie die Aufgabe auf zwei Arten: grafisch und rechnerisch.

14 Zahlenfolgen und Zahlenreihen

In der Natur sind häufig bestimmte zeitliche Veränderungen zu beobachten. Die zugrunde liegenden Abhängigkeiten können in vielen Fällen mithilfe von Zahlenfolgen beschrieben werden. Dabei gibt es zwei verschiedene Arten: **arithmetische Folgen** und **geometrische Folgen**.

14.1 Folgen

Die Position einer Zahl in einer Zahlenfolge kann mithilfe einer Nummer (der so genannten Laufvariablen) angegeben werden. Sie wird gewöhnlich durch den Buchstaben n symbolisiert. Ein Beispiel:

In der Folge 2, 4, 6, 8, 10,… ist der n-te Term (oder das n-te Glied) offensichtlich gleich $2n$.

Beispielsweise lässt sich der 30. Term damit leicht errechnen, denn für $n = 30$ ist $2n = 2 \times 30 = 60$.

14.2 Arithmetische Folgen

Im eben betrachteten Beispiel ist die Differenz zwischen aufeinander folgenden Zahlen jeweils konstant, und man nennt sie die für alle Terme **gemeinsame Differenz**.

Eine Folge mit einer solchen Struktur nennt man **arithmetische Folge** (oder arithmetische Progression).

Bei ihr ergibt sich jeder Term aus der vorigen durch Addieren (oder Subtrahieren) der **gemeinsamen Differenz**.

Beispiel

In der Folge 7, 12, 17, 22, 27,… ist die gemeinsame Differenz gleich 5:

Term		1.		2.		3.		4.		5.
Zahl		7		12		17		22		27
gemeinsame Differenz			5		5		5		5	

Eine arithmetische Folge kann folgendermaßen notiert werden:

$$a, (a + d), (a + 2d), (a + 3d), \ldots, (n\text{-ter Term})$$

Darin ist a der erste Term (im obigen Beispiel 7), d ist die gemeinsame Differenz (im obigen Beispiel 5), und n symbolisiert die Nummer des Terms. Diese gibt an, welches Glied der Folge wir betrachten wollen.

Der n-te Term a_n einer arithmetischen Folge mit dem ersten Term a und der gemeinsamen Differenz d ist gegeben durch

$$a_n = a + (n - 1)\,d$$

Beispiel

Wir wollen den 78. Term der Folge 13, 16, 19, 22, 25,... berechnen.

Der erste Term ist $a = 13$, und die gemeinsame Differenz ist $d = 3$. Weil wir den 78. Term suchen, ist $n = 78$.

Das setzen wir in die Gleichung

$$a_n = a + (n - 1)\,d$$

ein und erhalten für den 78. Term der Folge:

$$13 + (78 - 1)\,3 = 244$$

14.3 Die Summe einer arithmetischen Folge

Wenn jeder Term einer arithmetischen Folge aus der Summe aller vorigen Terme besteht, spricht man von einer **arithmetischen Reihe**.

Die Terme einer arithmetischen Reihe mit dem Anfangsterm a und der gemeinsamen Differenz d haben also folgende Summanden:

$$a + (a + d) + (a + 2\,d) + (a + 3\,d) + \dots + (\text{bis zu } n \text{ Summanden})$$

Die Summation wird durch den griechischen Großbuchstaben Σ (Sigma) symbolisiert. Dann werden zwischen die Terme keine Pluszeichen geschrieben, sondern sie werden hintereinander aufgeführt, jeweils nur durch ein Komma abgetrennt:

$$\sum a, (a + d), (a + 2\,d), (a + 3\,d), \dots , [a + (n - 1)\,d]$$

Die Formel für die Summe der ersten n Terme dieser Reihe lautet

$$S_n = \frac{n}{2}\,[2\,a + (n - 1)\,d]$$

Das mag kompliziert erscheinen; aber die Formel für den n-ten Term einer solchen arithmetische Reihe lautet ja

$$a + (n - 1)\,d$$

und das wird hier nur – nach Addition des ersten Terms a – mit der halben Anzahl $n/2$ der aufsummierten Terme multipliziert.

(Der Zähl- bzw. Summationsindex n im Ausdruck S_n darf natürlich nicht mit der Basis n des Logarithmus $\log_n$ verwechselt werden.)

> **Beispiel**
>
> Wir wollen den 78. Term der arithmetischen Reihe mit den Termen 13, 16, 19, 22, 25,… berechnen.
>
> Der erste Term ist $a = 13$, und die gemeinsame Differenz ist $d = 3$. Weil wir den 78. Term suchen, ist $n = 78$.
>
> Einsetzen in die Formel
>
> $$S_n = \frac{n}{2}\,[2\,a + (n-1)\,d]$$
>
> ergibt für die Summe der ersten 78 Terme
>
> $$S_{78} = \frac{n}{2}\,[(2\times 13) + (78-1)\times 3] = 39\times(26 + 231) = 10\,023$$

14.4 Geometrische Folgen

In einer **geometrischen Folge** (oder geometrischen Progression) entsteht jeder Term dadurch, dass der vorige Term mit dem konstanten **gemeinsamen Faktor** oder dem **gemeinsamen Verhältnis** multipliziert wird. Dieses kann einen beliebigen Wert haben, aus einleuchtenden Gründen jedoch nicht 0, 1 oder −1.

> **Beispiel**
>
> In der geometrischen Folge 3, 6, 12, 24, 48,… ist der gemeinsame Faktor, mit dem jeweils multipliziert wird, gleich 2:
>
> | Term | 1. | | 2. | | 3. | | 4. | | 5. |
> |---|---|---|---|---|---|---|---|---|---|
> | Zahl | 3 | | 6 | | 12 | | 24 | | 48 |
> | gemeinsamer Faktor | | 2 | | 2 | | 2 | | 2 | |

Eine geometrische Folge kann folgendermaßen notiert werden:

$$a,\ a\,r,\ a\,r^2,\ a\,r^3,\ \dots,\ (n\text{-ter Term})$$

Darin ist:

a der erste Term (hier 3),

r der gemeinsame Faktor (hier 2),

n die Nummer des Terms bzw. die Anzahl der Terme.

Der n-te Term a_n einer geometrischen Folge mit dem gemeinsamen Faktor r ist gegeben durch

$$a\,r^{n-1}$$

> **Beispiel**
>
> Wir wollen den 9. Term der geometrischen Folge 5, 20, 80, 320, 1280,… berechnen.
>
> Hier ist der erste Term $a = 5$, und der gemeinsame Faktor ist $r = 4$. Weil wir den 9. Term suchen, ist $n = 9$.
>
> Einsetzen in die Formel
>
> $$a\, r^{n-1}$$
>
> ergibt
>
> $$5 \times 4^{9-1} = 5 \times 4^8 = 5 \times 65\,536 = 327\,680$$

14.5 Die Summe einer geometrischen Folge

Wenn jeder Term einer geometrischen Folge aus der Summe aller vorigen Terme besteht, spricht man von einer **geometrischen Reihe**. Für die Summe der ersten n Terme gilt dabei:

$$S_n = \frac{a\,(r^n - 1)}{r - 1}$$

Zuweilen wird sie in folgender Schreibweise verwendet:

$$S_n = \frac{a\,(1 - r^n)}{1 - r}$$

Diese Version ist bei $r < 1$ günstiger.

> **Beispiel**
>
> Zum Berechnen der Summe der ersten 9 Terme der Reihe 5, 20, 80, 320, 1280,… können wir wieder $a = 5$, $r = 4$ und $n = 9$ setzen.
>
> Einsetzen in die obige Formel ergibt die Summe dieser Terme:
>
> $$S_9 = \frac{5\,(4^9 - 1)}{4 - 1} = \frac{5 \times 262\,143}{3} = 436\,905$$

Testen Sie Ihr Wissen

Die Lösungen finden Sie auf Seite 181.

Aufgabe 14.1
Zu einem bestimmten Zeitpunkt lebten in einem großen Park 12 Rotkehlchen. Die nächsten jährlichen Zählungen ergaben 16, 20, 24 bzw. 28. Nehmen Sie an, die Population wuchs mit derselben Geschwindigkeit weiter. Wie viele Rotkehlchen wurden im 10. Jahr gezählt?

Aufgabe 14.2
Nehmen Sie an, die Rotkehlchen in der vorigen Aufgabe haben eine Lebenserwartung von 1 Jahr. Wie viele Rotkehlchen lebten während der 10 Jahre insgesamt im Park?

Aufgabe 14.3
Ein Jahr nach einem Waldbrand standen auf einer quadratischen Waldfläche 250 Pflanzen mit Höhen über 100 mm. Bei den nächsten jährlichen Zählungen war die Anzahl auf 750, 2250 bzw. 6750 angestiegen.
Nehmen Sie an, die jährlichen Zunahmen gehorchten derselben Gesetzmäßigkeit. Wie viele Pflanzen waren 7 Jahre nach dem Waldbrand zu erwarten?

Aufgabe 14.4
Nehmen Sie an, die Pflanzen in der vorigen Aufgabe waren sämtlich einjährige Pflanzen. Wie viele von ihnen wuchsen während der sieben Jahre insgesamt auf der betreffenden Waldfläche?

15 Umgang mit Potenzen

Dieses Kapitel beschreibt einige Regeln für die Anwendung von Potenzen.

15.1 Die Potenz null

In Abschnitt 5.2 haben wir festgestellt, dass $10^0 = 1$ ist.

Wird eine Zahl mit dem Exponenten 0 versehen, so ergibt sich immer 1. (Eine Ausnahme ist die Zahl null, denn es ist $0^0 = 0$.)

Beispiel

$$x^0 = 1$$

15.2 Nützliche Regeln für den Umgang mit Potenzen

Die folgenden Formeln bieten einige Beispiele für den Umgang mit Potenzen:

$$x^{-2} = \frac{1}{x^2}$$

$$x^{1/2} = \sqrt{x}$$

$$x^{1/3} = \sqrt[3]{x}$$

$$x^{2/3} = \sqrt[3]{x^2} = \left(\sqrt[3]{x}\right)^2$$

$$x^2 \times x^3 = x^{2+3} = x^5$$

$$\frac{x^5}{x^3} = x^{5-3} = x^2$$

$$\left(x^2\right)^3 = x^6$$

$$(x\,a\,b)^2 = x^2\,a^2\,b^2$$

$$\left(\frac{x}{a}\right)^2 = \frac{x^2}{a^2}$$

15.3 Addieren und Subtrahieren von Potenzen

Wie wir in Abschnitt 5.4 gesehen haben, können Zahlen einfach addiert oder subtrahiert werden, wenn ihre Potenzen gleich sind. Dasselbe gilt für algebraische Ausdrücke.

> **Beispiele**
>
> Es gilt
>
> $$5x^3 - 2x^3 = 3x^3$$
>
> Dagegen können die Summanden
>
> $$x^2 + x^5$$
>
> nicht addiert werden, weil ihre Potenzen verschieden sind.

15.4 Arbeiten mit Wurzeln

Jeder Wurzelausdruck kann in die Potenzschreibweise umgeschrieben werden.

> **Beispiele**
>
> $$\sqrt[3]{x} = x^{1/3} \approx x^{0,333}$$
>
> $$\sqrt[4]{x^2} = x^{2/4} = x^{1/2} = x^{0,5}$$

Im Bereich der reellen Zahlen sind geradzahlige Wurzeln (darunter die Quadratwurzel) aus einer negativen Zahl nicht definiert:

$$\sqrt{-x}$$
$$\sqrt[4]{-x}$$

Weitere nützliche Formeln sind:

$$\sqrt[3]{x} \times \sqrt[3]{a} = \sqrt[3]{xa}$$

$$\frac{\sqrt[3]{x}}{\sqrt[3]{a}} = \sqrt[3]{\frac{x}{a}}$$

$$\sqrt[2]{\sqrt[3]{x}} = \sqrt[2\times3]{x} = \sqrt[6]{x}$$

Testen Sie Ihr Wissen

Die Lösungen finden Sie auf Seite 182.

Aufgabe 15.1

Vereinfachen Sie $\dfrac{(a+2)^7}{(a+2)^5}$.

Aufgabe 15.2

Vereinfachen Sie $\sqrt[3]{(2a-1)^6}$.

16 Logarithmen

In vielen biologischen und biochemischen Systemen liegen Zusammenhänge vor, die sich mithilfe des Logarithmus beschreiben lassen. Beispiele sind Wachstumsvorgänge, aber auch die Angabe des Säuregrades einer Lösung als pH-Wert.

16.1 Die Definition des Logarithmus

Wir haben schon Potenzen wie beispielsweise 2^3 kennengelernt.

Hier ist die Zahl 2 die so genannte „Basis", und die Zahl 3 ist der „Exponent".

Diesen bezeichnet man auch als den **Logarithmus** (log) der Basis.

> **Beispiele**
>
> Die Gleichung $2^3 = 8$ bedeutet das Gleiche wie $\log_2 8 = 3$ (gesprochen: „Der Logarithmus von 8 zur Basis 2 ist gleich 3").
>
> Bei 10^5 ist 5 der Exponent. Daher ist der Logarithmus von 100 000 zur Basis 10 gleich 5, und es gilt $\log_{10} 100\,000 = 5$.

Wenn am Symbol „log" keine Basis angegeben ist, so ist stets die Basis 10 gemeint. Oft wird dann auch nur „lg" geschrieben. Die Schreibweisen „$\log_{10}$", „log" und „lg" sind also gleichbedeutend.

> **Beispiel**
>
> $\log_{10} 100 = 2$ wird auch als $\log 100 = 2$ geschrieben; gesprochen wird es: „Der (Zehner-)Logarithmus von 100 ist gleich 2".

Logarithmen können mit Computersoftware oder mit wissenschaftlichen Taschenrechnern berechnet werden. Zum Berechnen des Logarithmus einer Zahl ist eine bestimmte Funktionstaste („log") zu betätigen.

Zum Umwandeln eines Logarithmus in seine ursprüngliche Zahl ist zuerst die Umkehrtaste und dann die „log"-Taste zu betätigen.

16.2 Der natürliche Logarithmus

Den Logarithmus zur Basis e nennt man „natürlichen Logarithmus". Er wird als „ln" geschrieben, also nicht als „$\log_e$".

Die Zahl e ist die Euler'sche Zahl (e $\approx$ 2,718). Sie hat u. a. die Eigenschaft, dass gilt $\ln e^x = x$.

Daher ist $\ln e = 1$ (denn $\ln e$ ist ja dasselbe wie $\ln e^1$, und wegen $\ln e^x = x$ ist $\ln e^1 = 1$).

Das ist ein wichtiger Zusammenhang, denn er bedeutet, dass sich beim Auftragen einer **exponentiellen** Gesetzmäßigkeit eine Gerade ergibt, wenn der Logarithmus $\ln y$ der betreffenden Größe y gegen x aufgetragen wird.

In Kapitel 17 wird die Anwendung des natürlichen Logarithmus und exponentieller Beziehungen näher erläutert.

16.3 Logarithmenregeln

Die wichtigsten Regeln für den Umgang mit Logarithmen sind folgende:

- $\log_a 1 = 0$ (das ist gleichbedeutend mit $a^0 = 1$).
- $\log_a a = 1$ (das ist gleichbedeutend mit $a^1 = a$).
- $\log_a (b\,c) = \log_a b + \log_a c$; das bedeutet, dass beim Multiplizieren zweier Zahlen ihre Logarithmen *addiert* werden. Wir erinnern uns daran, dass Logarithmen ja Exponenten sind und diese beim Multiplizieren addiert werden.
- $\log_a (b/c) = \log_a b - \log_a c$; das bedeutet, dass beim Dividieren zweier Zahlen ihre Logarithmen *subtrahiert* werden.
- $\log_a b^c = c \log_a b$.
- $\log_a a^c = c$ (weil $\log_a a^c = c \log_a a$ und $\log_a a = 1$ ist).

> **Beispiele**
>
> $\ln 1 = 0$
>
> $\log(1546 \times 4326) = \log 1546 + \log 4326 \approx 3{,}189 + 3{,}636 = 6{,}825$
>
> $\log_2 56^4 = 4 \log_2 56$

Testen Sie Ihr Wissen

Die Lösungen finden Sie auf Seite 182.

Aufgabe 16.1
Der in Kapitel 24 näher besprochene pH-Wert ist ein logarithmisches Maß für die Wasserstoffionen-Konzentration $[H^+]$. Er ist definiert als
$pH = -\log[H^+]$.
1) Wie groß ist der pH-Wert, wenn $[H^+] = 1{,}2 \times 10^{-5}$ ist?
2) Wie groß ist $[H^+]$, wenn der pH-Wert gleich 6,3 ist? Verwenden Sie die „log"-Taste bzw. zuvor auch die Umkehrtaste am Taschenrechner.

Aufgabe 16.2
Welchen Wert hat $\ln e^4$, wobei e die Euler'sche Zahl mit dem gerundeten Wert 2,718 ist? Hinweis: Diese Aufgabe ist ohne Taschenrechner lösbar.

17 Exponentielle Zu- oder Abnahme

Bei vielen Vorgängen in Natur, Wissenschaft und Technik lassen sich die zeitlichen Veränderungen mithilfe **exponentieller** Beziehungen beschreiben.

Beispiele sind:

- Die Anzahl von Bakterien in einer Kultur kann sich pro Stunde verdoppeln; es liegt also ein **exponentielles Wachstum** bzw. eine exponentielle Zunahme vor.
- Aufgrund der radioaktiven Strahlung des Isotops Technetium-99 halbiert sich alle 6 Stunden die Anzahl der vorhandenen Atomkerne; es liegt also ein **exponentieller Zerfall** bzw. eine exponentielle Abnahme vor.

17.1 Formeln für exponentielles Wachstum

Eine einfache Formel für ein exponentielles Wachstum lautet beispielsweise

$$y = a^x$$

Darin ist a eine Konstante, die vom untersuchten System abhängt, und x ist der Exponent (auch Potenz genannt).

Logarithmieren beider Seiten dieser allgemeinen Gleichung ergibt

$$\log y = x \log a$$

Wenn wir $\log y$ gegen x auftragen, ergibt die obige exponentielle Beziehung eine Gerade mit der Steigung (dem Gradienten) $\log a$.

Hier haben wir den Logarithmus zur Basis 10 gewählt. Eine Gerade ergibt sich beim Auftragen aber auch dann, wenn wir einen Logarithmus zu einer anderen Basis verwenden.

Der Graph wird ebenfalls geradlinig, wenn wir die Werte (ohne dass wir logarithmieren) auf einfach-logarithmischem Papier auftragen. (Bei diesem hat nur eine Achse, gewöhnlich die vertikale, einen logarithmischen Maßstab.) Ein Beispiel hierfür wird in Abschnitt 21.8 behandelt.

Eine allgemeinere Formel für ein exponentielles Wachstum kann in der Form

$$y = a\,e^{bx}$$

geschrieben werden. Darin sind a und b Konstanten, die vom betrachteten System abhängen.

Wir bilden auf beiden Seiten der Gleichung den natürlichen Logarithmus:

$$\ln y = \ln(a\,e^{bx})$$

Gemäß den Logarithmenregeln für die Multiplikation ist das gleichbedeutend mit

$$\ln y = \ln a + bx \ln e$$

Wegen $\ln e = 1$ folgt daraus (nach Umstellen der Summanden)

$$\ln y = bx + \ln a$$

Das Auftragen von $\ln y$ gegen x ergibt hierfür eine Gerade mit dem Gradienten b und dem Achsenabschnitt $\ln a$ auf der y-Achse.

17.2   Die Wachstums- oder Zerfallsformel

Die allgemeine Formel $y = a\,e^{bx}$ für exponentielles Wachstum oder exponentiellen Zerfall hat oft folgende Form:

$$N = N_0\,e^{kt}$$

Darin ist N die sich exponentiell ändernde Größe, t ist die Zeit, und N_0 ist der Anfangswert der Größe N zur Zeit $t = 0$. Außerdem ist k die Wachstums- bzw. Zerfallskonstante, und e ist die Euler'sche Zahl mit dem gerundeten Wert 2,718.

> **Beispiel**
>
> Zu Beginn ($t = 0$ h) wurden 100 Bakterien ($N_0 = 100$) auf eine Agar-Platte aufgebracht. Fünf Stunden später, also bei $t = 5$ h, befanden sich $N_5 = 300$ Bakterien darauf. Wenn wir exponentielles Wachstum annehmen, können wir mit diesen Angaben die Wachstumskonstante k berechnen.
>
> $$300 = 100\,e^{(5\,h)\,k}$$
>
> Das formen wir um und erhalten
>
> $$\frac{300}{100} = e^{(5\,h)\,k} \quad \text{bzw.} \quad 3 = e^{(5\,h)\,k}$$
>
> Wir logarithmieren beide Seiten und erinnern uns wieder daran, dass der natürliche Logarithmus von e^x gleich x ist, sodass gilt $\ln e^{(5\,h)\,k} = (5\,h)\,k$. Damit erhalten wir
>
> $$\ln 3 = (5\,h)\,k$$
>
> $$\frac{\ln 3}{5\,h} = k$$
>
> $$k = 0{,}22\ h^{-1}$$

17.3   Die Verdopplungs- oder Halbierungszeit

Wir können mit der Wachstums- oder Zerfallsformel auch die Wachstums- bzw. die Zerfallskonstante k berechnen, wenn wir wissen, in welcher Zeit sich die betreffende Größe verdoppelt bzw. halbiert.

> **Beispiel**
>
> Nach dem so genannten Moore'schen Gesetz soll sich die Leistungsfähigkeit der schnellsten Computerchips alle 18 Monate verdoppeln.
>
> Als Anfangswert können wir die relative Leistungsfähigkeit gleich 1 setzen: $N_0 = 1$. Nach 18 Monaten bzw. 1,5 Jahren ($t = 1,5$ a) ist die Leistungsfähigkeit doppelt so groß: $N_{1,5} = 2$.
>
> Einsetzen der Werte in die Gleichung $N = N_0 e^{kt}$ ergibt
>
> $$2 = 1\, e^{(1,5\,\text{a})\,k} \quad \text{bzw.} \quad 2 = e^{(1,5\,\text{a})\,k}$$
>
> Wir bilden auf beiden Seiten den natürlichen Logarithmus und lösen nach k auf:
>
> $$\ln 2 = (1,5\,\text{a})\,k$$
>
> $$\frac{\ln 2}{1,5\,\text{a}} = k$$
>
> $$k = 0,46\ \text{a}^{-1}$$

17.4 Exponentieller Zerfall

Mit der Wachstums- oder Zerfallsformel kann auch das exponentielle Zeitgesetz des radioaktiven Zerfalls beschrieben werden.

> **Beispiel**
>
> Das radioaktive Isotop Technetium-99 dient in der Nuklearmedizin zur Diagnose verschiedener Erkrankungen. Mit einer Halbwertszeit von 6 Stunden ist es recht kurzlebig.
>
> Wieder können wir als relativen Anfangswert einfach $N_0 = 1$ annehmen. Nach 6 Stunden ($t = 6$ h) liegen nur noch halb so viele Technetium-99-Kerne vor; also ist $N_6 = 0,5$.
>
> Einsetzen der Werte in die Gleichung $N = N_0 e^{kt}$ ergibt
>
> $$0,5 = 1\, e^{(6\,\text{h})\,k}$$
>
> Das formen wir um und erhalten
>
> $$\ln 0,5 = (6\,\text{h})\,k$$
>
> $$\frac{\ln 0,5}{6\,\text{h}} = k$$
>
> $$k = -0,12\ \text{h}^{-1}$$

Beachten Sie, dass die „Wachstums"- bzw. Zerfallskonstante negativ ist, wenn ein exponentieller Zerfall vorliegt.

17.5   Anwendung der Wachstumskonstante

Wenn die Wachstumskonstante und die anfängliche Populationsgröße gegeben sind, können wir mit der Wachstums- oder Zerfallsformel die Populationsgröße für irgendeinen Zeitpunkt berechnen.

> **Beispiel**
>
> Oben hatten wir bei der Inkubation von Bakterien die Wachstumskonstante $k = 0{,}22 \ \text{h}^{-1}$ ermittelt. Damit können wir berechnen, wie viele Bakterien nach 24 Stunden ($t = 24$ h) vorliegen, wenn zu Beginn (bei $t = 0$ h) die Bakterienanzahl 5000 beträgt ($N_0 = 5000$).
>
> Die Anzahl der Bakterien nach 24 Stunden ergibt sich damit zu
>
> $$N_{24} = N_0 \, e^{k\,t} = 5000 \ e^{(0{,}22/\text{h})\,(24\,\text{h})} = 5000 \ e^{5{,}28} = 5000 \times 196 = 980\,000$$

Testen Sie Ihr Wissen

Die Lösungen finden Sie auf Seite 182.

Aufgabe 17.1
Ein stark ansteckendes Virus hatte bereits fünf Patienten befallen, als es identifiziert wurde. Drei Wochen später waren 25 Patienten an ihm erkrankt. Nehmen Sie einen exponentiellen Anstieg der Patientenanzahl an und berechnen Sie die Wachstumskonstante. Sie benötigen für die Berechnung des natürlichen Logarithmus die „ln"-Taste Ihres Taschenrechners.

Aufgabe 17.2
Nehmen Sie an, die Viruserkrankung von Aufgabe 17.1 breitete sich mit gleichbleibender Geschwindigkeit aus. Berechen Sie mit der eben ermittelten Wachstumskonstante, wie viele Patienten nach weiteren 4 Wochen angesteckt waren. Sie benötigen auch hierfür den Taschenrechner.

Aufgabe 17.3
Die Radioisotop Iod-131 hat eine Halbwertszeit von 8 Tagen. Berechnen Sie die Zerfallskonstante.

18 Kreise und Kugeln

Die Formeln für Umfang, Fläche und Volumen von Kreis und Kugel werden häufig benötigt. Daher sollen sie hier kurz zusammengefasst werden.

18.1 Die Zahl π

Sämtliche Formeln für Kreis und Kugel enthalten die Zahl π (gesprochen „pi"). Diese so genannte Kreiszahl hat unendlich viele, nicht periodische Dezimalstellen und lautet, auf fünf gültige Stellen gerundet, 3,1416.

18.2 Formeln für Kreis und Kugel

Für einen Kreis bzw. eine Kugel mit dem Radius r gilt:

Umfang des Kreises	$U = 2\pi r$
Fläche des Kreises	$A = \pi r^2$
Volumen der Kugel	$V = \dfrac{4}{3}\pi r^3$
Oberfläche der Kugel	$A = 4\pi r^2$

18.3 Formeln für Zylinder und Kegel

Für einen Zylinder bzw. einen Kegel mit dem Radius r und der Höhe h gilt:

Volumen des Zylinders	$V = \pi r^2 h$
Volumen des Kegels	$V = \dfrac{1}{3}\pi r^2 h$

Beispiel

Ein Glaszylinder mit dem Radius 120 mm enthält bis zu einer Höhe von 85 mm eine Lösung. Wir wollen deren Volumen berechnen.

Zunächst wandeln wir die Zahlen in die Standardform der Potenzschreibweise um:

$$120 \text{ mm} = 1,2 \times 10^2 \text{ mm}$$

$$85 \text{ mm} = 8,5 \times 10 \text{ mm}$$

Dann setzen wir sie in die Formel für das Zylindervolumen ein:

$$V = \pi r^2 h = 3,1416 \, (1,2 \times 10^2 \text{ mm})^2 \times (8,5 \times 10 \text{ mm}) = 3,8 \times 10^6 \text{ mm}^3$$

Wie die gegebenen Werte ist auch das Ergebnis auf zwei gültige Stellen anzugeben.

Testen Sie Ihr Wissen

Die Lösung finden Sie auf Seite 182.

Aufgabe 18.1
Ein Eidotter, das für eine Zellkultur verwendet
werden soll, hat einen Durchmesser von 24 mm.
Nehmen Sie an, es sei kugelförmig, und berechnen
sie sein Volumen.

19 Differenzialrechnung

In diesem Buch werden zwei Arten der Infinitesimalrechnung vorgestellt:

- Differenzialrechnung,
- Integralrechnung.

Die **Differenzialrechnung** befasst sich u. a. mit der Änderungsgeschwindigkeit von Größen. Mit ihrer Hilfe kann auch der Gradient eines Graphen in einem bestimmten Punkt ermittelt werden.

19.1 Konstante Geschwindigkeit …

Die Geschwindigkeit eines Fahrzeugs ist die pro Zeiteinheit von ihm zurückgelegte Strecke; sie wird beispielsweise in Kilometer pro Stunde (km h^{-1}) oder Meter pro Sekunde (m s^{-1}) angegeben. Sie entspricht dem Gradienten des Graphen, wenn die Fahrtstrecke gegen die Zeit aufgetragen ist.

Der folgende Graph gilt für ein Fahrzeug, das mit konstanter Geschwindigkeit fährt.

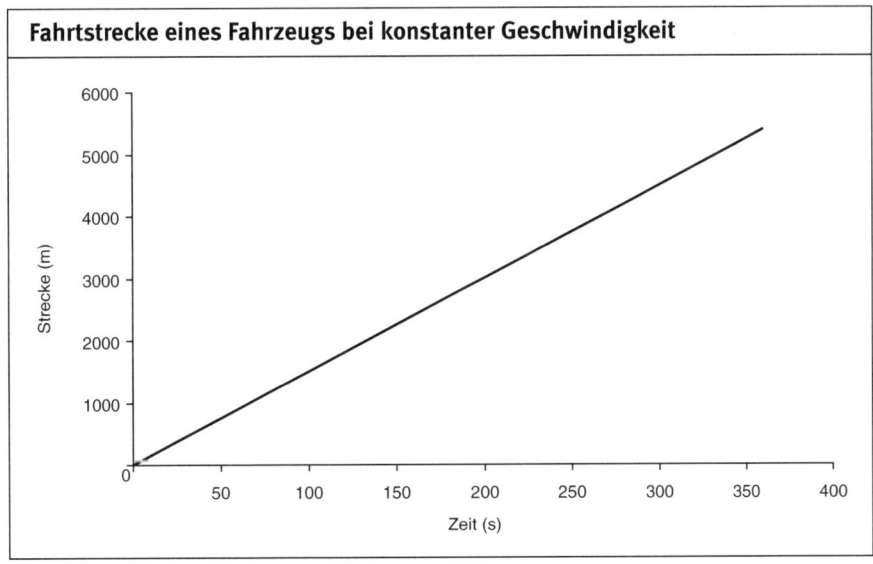

Fahrtstrecke eines Fahrzeugs bei konstanter Geschwindigkeit

Die Definition lautet, wie schon angedeutet:

$$\text{Geschwindigkeit (m/s)} = \frac{\text{zurückgelegte Strecke (m)}}{\text{benötigte Zeit (s)}}$$

In Kapitel 8 haben wir die Geradengleichung $y = mx + c$ kennen gelernt. Darin ist m ihr Gradient (ihre Steigung), und c ist ihr Achsenabschnitt auf der y-Achse.

Das Fahrzeug legt in 360 Sekunden 5400 Meter zurück, wobei es mit unveränderter Geschwindigkeit fährt. Der Gradient ist daher

$$m = \frac{5400 \text{ m}}{360 \text{ s}} = 15 \, \text{m s}^{-1}$$

Der Achsenabschnitt auf der y-Achse ist null. Das bedeutet, zu Beginn hat sich das Fahrzeug nicht bewegt, sodass die Konstante $c = 0$ ist.

Die Gleichung für die Gerade lautet deshalb

$$y = (15 \, \text{m s}^{-1})x + 0 \text{ oder } y = (15 \, \text{m s}^{-1})x$$

worin y die Strecke in Metern und x die Zeit in Sekunden ist.

Wir hatten auch schon gesehen, dass der Gradient einer Geraden als

$$\frac{\text{Änderung von } y}{\text{Änderung von } x} = \frac{y_2 - y_1}{x_2 - x_1}$$

beschrieben werden kann. Dies ist die Änderungsrate von y relativ zu x.

Auch die nächste Abbildung gilt für das Fahrzeug mit gleich bleibender Geschwindigkeit.

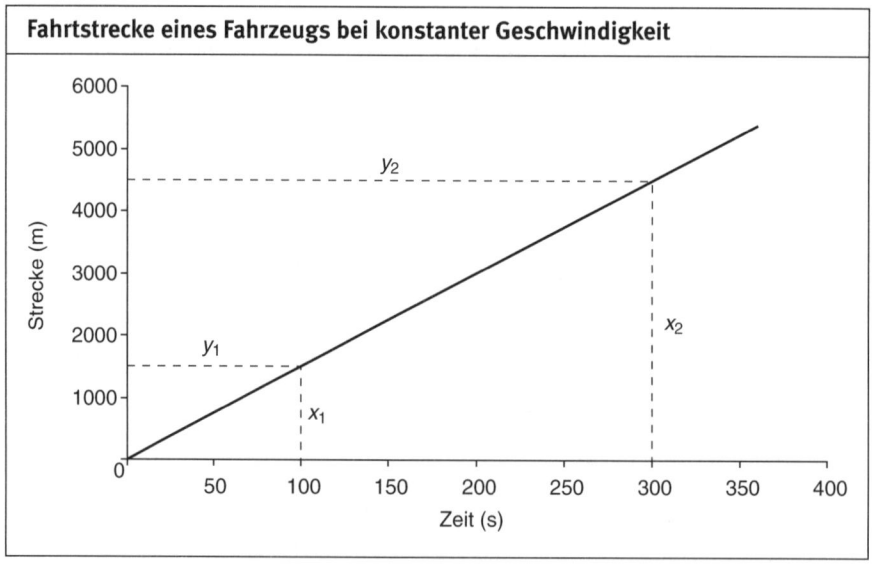

Fahrtstrecke eines Fahrzeugs bei konstanter Geschwindigkeit

Der Gradient ist hier

$$\frac{y_2 - y_1}{x_2 - x_1} = \frac{4500 \text{ m} - 1500 \text{ m}}{300 \text{ s} - 100 \text{ s}} = \frac{3000}{200} \, \text{m s}^{-1} = 15 \, \text{m s}^{-1}$$

In der Differenzialrechnung ist der Gradient eng mit der Ableitung verknüpft, die wir später besprechen werden. Im vorliegenden Fall ist der Gradient während der gesamten Fahrt des Fahrzeugs konstant, denn der Graph ist geradlinig.

19.2   ... oder beschleunigte Bewegung

Die nächste Abbildung gilt für ein beschleunigendes Fahrzeug; das heißt, seine Geschwindigkeit nimmt während der gezeigten Zeitspanne zu.

Der Gradient einer gekrümmten Kurve ist nicht so einfach zu berechnen wie der einer Geraden. Im vorliegenden Fall hat das Fahrzeug eine konstante Beschleunigung, sodass die Geschwindigkeit mit der Zeit gleichmäßig ansteigt.

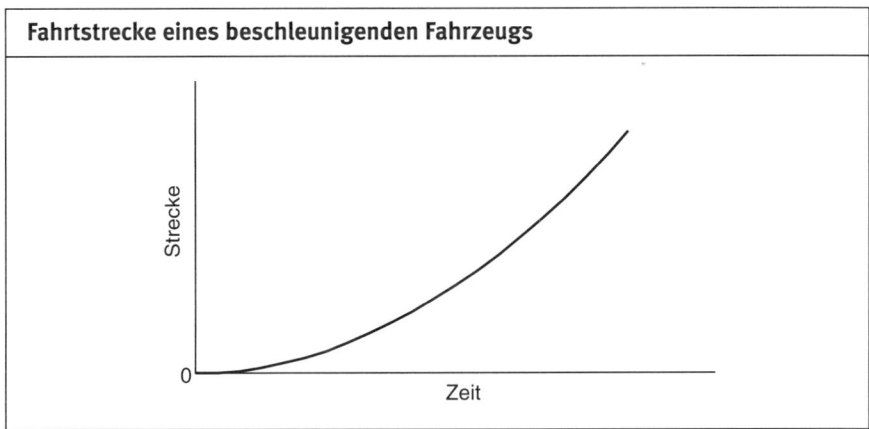

19.3   Der Gradient einer Kurve

Die Gleichung für unsere nächste Kurve lautet $y = x^2/2$.

Der Gradient ändert sich dauernd, wie auch in der vorigen Abbildung, sodass der Graph an jedem Punkt einen unterschiedlichen Gradienten hat.

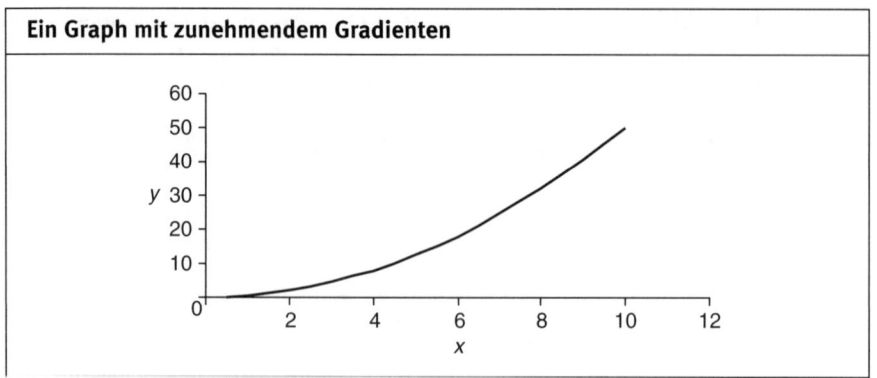

Ein Graph mit zunehmendem Gradienten

Nun wollen wir an einem beliebigen Punkt den Gradienten der Kurve ermitteln. Dazu zeichnen wir hier zunächst die **Tangente**, d. h. die Gerade, die die Kurve berührt und die gleiche Steigung hat wie die Kurve im Berührungspunkt. Dann berechnen wir den Gradienten dieser Geraden.

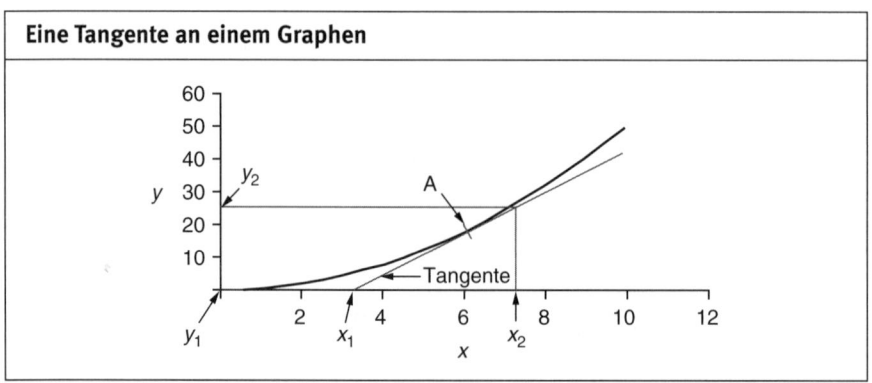

Eine Tangente an einem Graphen

Im Punkt A hat die Tangente (und daher auch die Kurve) folgenden Gradienten:

$$\frac{y_2 - y_1}{x_2 - x_1} = \frac{25 - 0}{7,5 - 3,5} = \frac{25}{4} = 6,25$$

Das Differenzieren ist die mathematische Methode, mit der der Gradient einer Kurve ermittelt werden kann. Diesen nennt man auch **Ableitung** oder **Differenzial**.

19.4 Funktionen

Ein **Funktion** beschreibt eine Beziehung zwischen zwei oder mehreren Größen, wobei der Wert der einen von dem Wert der anderen abhängt.

> **Beispiel**
>
> - Die Strecke, die ein Fisch im Wasser schwimmend zurückgelegt hat, hängt von der Zeit ab, während der er schwamm.
> - Die Anzahl an Bakterien in einer Probe hängt von deren Größe ab.
> - In der Gleichung bzw. beim Graphen $y = x^2/2$ hängt der y-Wert vom x-Wert ab (wobei y hier stets halb so groß wie x-Quadrat ist).

In jeder dieser Beziehungen liegt eine **abhängige Variable** vor (Fahrtstrecke, Bakterienanzahl, y-Wert) und eine **unabhängige Variable** (Zeit, Probengröße, x-Wert).

Gewöhnlich geht es darum, welchen Wert die abhängige Variable bei einem gegebenen Wert der unabhängigen Variablen hat. Beispielsweise ist interessant, wie groß y bei einem bestimmten x-Wert ist, wenn der Zusammenhang $y = x^2/2$ besteht.

19.5 Schreibweisen für Funktionen

Allgemein werden Funktionen durch das Symbol $f(...)$ gekennzeichnet. Für unser Beispiel $y = x^2/2$ lautet sie also

$$f(x) = \frac{1}{2}\, x^2$$

Der Ausdruck $f(x)$ wird „f von x" gesprochen.

Sowohl die y-Gleichung als auch die Funktionsgleichung beschreiben denselben Sachverhalt.

Keinesfalls darf der Ausdruck $f(x)$ mit „f mal x" verwechselt werden, denn er besagt nur, dass eine Funktion von x vorliegt, beispielsweise für die vom Fisch in einer bestimmten Zeit geschwommene Strecke.

19.6 Ermittlung von Kurvensteigungen

Wir hatten festgestellt, dass der Gradient in einem bestimmten Punkt eines Graphen berechnet werden kann, wenn die Änderung von y für eine gegebene Änderung von x bekannt ist, denn der Gradient ist

$$\frac{(y_2 - y_1)}{(x_2 - x_1)}$$

Dabei muss der Graph im betreffenden Bereich geradlinig sein – und das ist bei einer gekrümmten Kurve nicht der Fall.

Stattdessen können wir nur eine *Näherung* für den Gradienten in einem bestimmten Punkt ermitteln. Dazu zeichnen wir eine Gerade, die die Kurve in zwei

nicht weit voneinander entfernten Punkten schneidet; man spricht dabei von einer
Sekante.

Eine Sekante

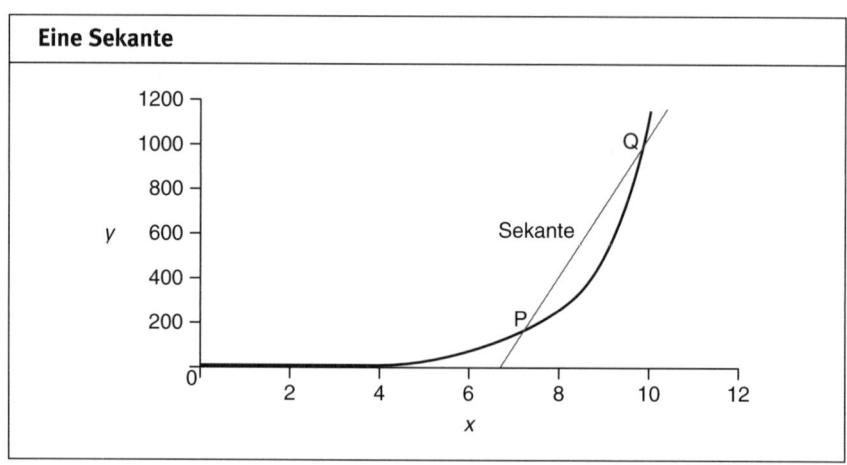

Eine grobe Näherung für den Gradienten im Punkt P erhalten wir mithilfe der
Sekante, die die Kurve in den Punkten P und Q schneidet.

Der Gradient der Sekante ist

$$\frac{y_2 - y_1}{x_2 - x_1} = \frac{1000 - 200}{9{,}75 - 7{,}5} = \frac{800}{2{,}25} = 355{,}55$$

Wenn wir aber, wie in der folgenden Abbildung, auch die Tangente im Punkt P
einzeichnen, erkennen wir, dass die Sekante steiler als die Tangente verläuft,
d. h. einen höheren Gradienten hat.

Eine Sekante und eine Tangente

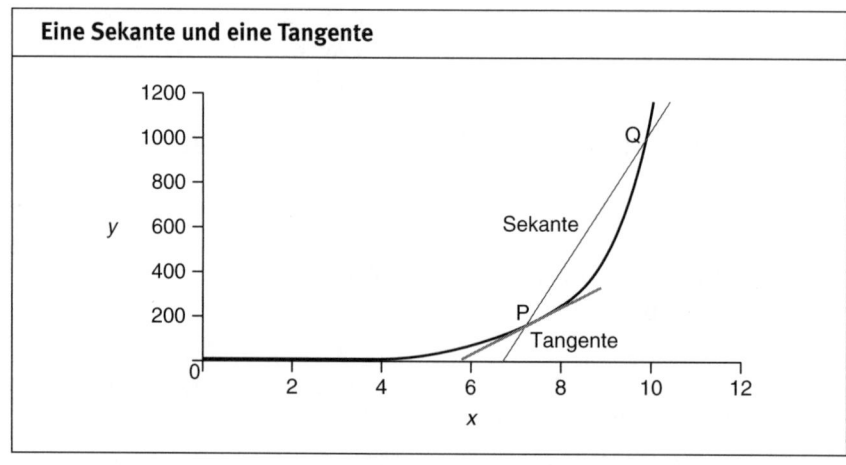

Wir können die Sekante nun verkürzen, sodass sie nur noch vom Punkt P zum Punkt R verläuft, wie in der nächsten Abbildung gezeigt ist.

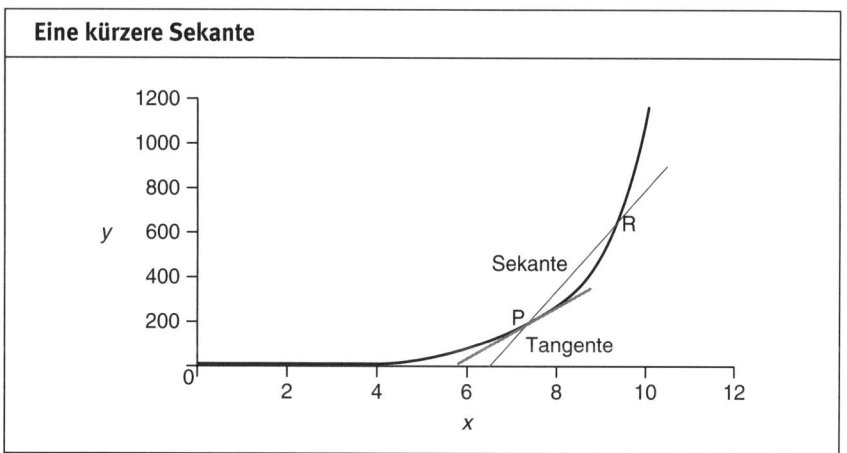

Eine kürzere Sekante

Jetzt ist der Gradient der Sekante

$$\frac{y_2 - y_1}{x_2 - x_1} = \frac{650 - 200}{9 - 7{,}5} = \frac{450}{1{,}5} = 300.$$

Wie aus der Abbildung deutlich wird, liegt er schon näher am Gradienten der Tangente, ist jedoch auch nur eine Näherung für diesen.

Je kürzer die Sekante ist, desto besser nähert ihr Gradient dem der Kurve im Punkt P an.

Nun kommen wir zu einem Schlüsselbegriff der Differenzialrechnung. Wenn der Gradient der Sekante seinen **Grenzwert** erreicht, d. h. wenn die Sekante infinitesimal („unbegrenzt") klein ist, dann ist ihr Gradient praktisch gleich dem der Kurve im selben Punkt. Die übliche Schreibweise für diesen Grenzwert lautet

$$\lim_{\delta x \to 0} \frac{y_2 - y_1}{x_2 - x_1}$$

Wird die Sekante immer kürzer, dann wird die (hier durch δx, also „delta-x", symbolisierte) Differenz von $x_2 - x_1$ immer kleiner. Und wenn sie sich dem Grenzwert null nähert (symbolisiert durch $\lim_{\delta x \to 0}$), wird der Gradient der Tangente bei P erreicht.

19.7 Der Gradient der Sehne

In der nächsten Abbildung hat der Punkt A eine Position, die durch seine Koordinaten x, y gegeben ist.

Die Differenz $y_2 - y_1$ kann, da sie sehr klein ist, durch δy symbolisiert werden (als „delta-y" gesprochen).

Der Gradient einer Sehne

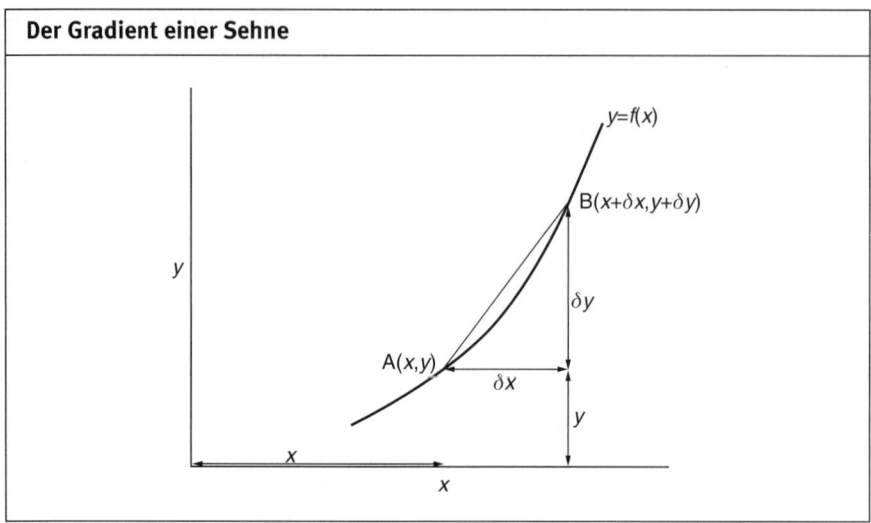

Damit ergeben sich die Koordinaten des Punktes B zu $(x + \delta x, y + \delta y)$.

Der Gradient der Sehne nähert sich dem der Tangente im Punkt A an, wenn wir den Punkt B immer dichter an den Punkt A heranschieben.

Dabei nähern sich δy und δx jeweils dem Grenzwert null.

Die Sehne AB hat also im Punkt A den Gradienten

$$\frac{(y + \delta y) - y}{(x + \delta x) - x}$$

Dieser nähert sich der Größe dy/dx an, wenn sich δx dem Grenzwert null nähert.

Der Ausdruck dy/dx heißt **Differenzialkoeffizient** und ist die **Ableitung** von y nach x.

Den Vorgang des Ableitens nennt man auch **Differenzieren**.

Beachten Sie, dass dy/dx kein gewöhnlicher Bruch in dem Sinne ist, dass das „d" herausgekürzt werden könnte. Die Ausdrücke dx und dy können nicht aufgespalten werden, da sie eine infinitesimal kleine Differenz von x bzw. von y darstellen.

Insgesamt gilt also

$$\lim_{\delta x \to 0} \frac{y_2 - y_1}{x_2 - x_1} = \frac{dy}{dx}$$

Der Differenzialkoeffizient dy/dx wird meist als Ableitung von y nach x bezeichnet und kann einfach als y' notiert werden.

Die Größe y ist hier eine Funktion von x, und wir können sie daher als $y = f(x)$ schreiben. Entsprechend kann die Ableitung als $f'(x)$ geschrieben werden.

Aus demselben Grund, dass y eine Funktion von x ist, können wir die Koordinaten der Punkte A und B auch auf andere Weise notieren, wobei nur Ausdrücke von x auftreten:

Die Koordinaten von A sind (x, y).

Wegen $y = f(x)$ ist das gleichbedeutend mit $(x, f(x))$.

Entsprechend lauten die Koordinaten des Punktes B:

$$(x + \delta x, f(x + \delta x))$$

Beim fortschreitenden Verkürzen der Sehne zwischen A und B wird δx kleiner und strebt dem Grenzwert null zu, während B dichter an A heranrückt.

19.8 Berechnung des Differenzials von x^2

Eine einfache und recht häufig auftretende Funktion ist $y = x^2$.

Wir wollen nun das Differenzial (den Differenzialkoeffizienten) dy/dx dieser Funktion ermitteln.

Wenn gilt $\qquad\qquad\qquad\qquad\qquad y = x^2$

dann ist $\qquad\qquad\qquad\qquad\qquad y + \delta y = (x + \delta x)^2$

Ausmultiplizieren von $(x + \delta x)^2$ ergibt $\qquad y + \delta y = x^2 + 2x\,\delta x + \delta x^2$

Subtrahieren von $y = x^2$ liefert $\qquad\qquad \delta y = 2x\,\delta x + \delta x^2$

Dividieren beider Seiten durch δx ergibt den Differenzialkoeffizienten

$$\frac{dy}{dx} \approx 2x + \delta x$$

Hier sehen wir nun, wie trickreich die Infinitesimalrechnung ist. Wir sind an einem infinitesimal kleinen Wert für δx interessiert, d. h. an seiner Annäherung an null.

Wenn sich dx null nähert, wird $\qquad\qquad \dfrac{dy}{dx} = 2x + 0 = 2x$

Damit haben wir für die Funktion $y = x^2$ das Differenzial $2x$ ermittelt.

19.9 Differenzieren mit einer Konstanten

In der Gleichung für einen Graphen wirkt sich eine Konstante auf den Gradienten nicht aus.

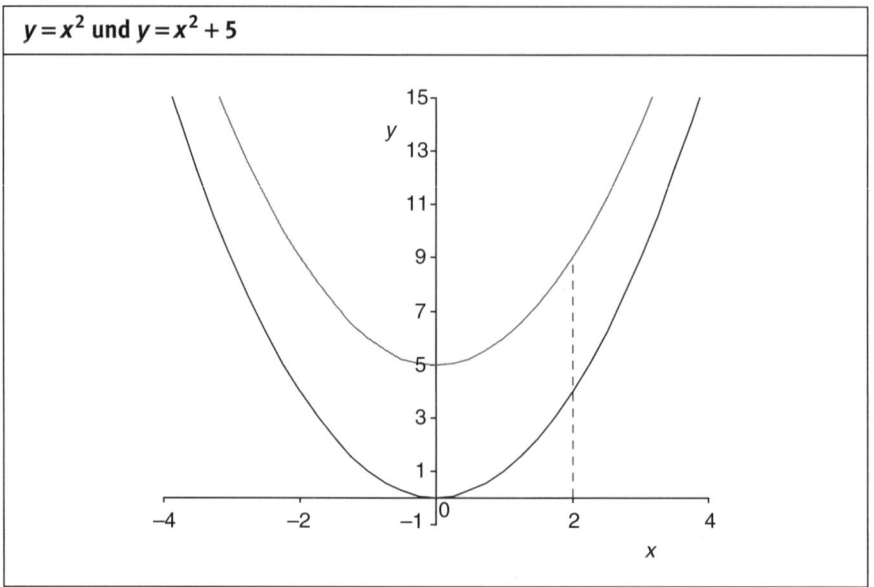

$y = x^2$ und $y = x^2 + 5$

In diesen Graphen von $y = x^2$ und $y = x^2 + 5$ sind bei jedem beliebigen x-Wert die beiden Gradienten jeweils gleich. Beispielsweise verlaufen die Kurven mit einem Gradienten von 4 dort gleich steil, wo die vertikale Gerade $x = 2$ die Graphen schneidet.

Das Differenzial der Konstanten (hier 5) ist null, erscheint also nicht im Ausdruck für das Differenzial der Funktion. Der Wert der Konstanten legt ja nur die vertikale Position der Kurve fest.

Daher haben $y = x^2$ und $y = x^2 + 5$ beide das Differenzial $dy/dx = 2x$.

19.10 Anwendung des Differenzials von x^2

Die Formel für die Kreisfläche lautet $A = \pi r^2$, wobei π die Kreiszahl mit dem Näherungswert 3,1416 und r der Radius des Kreises ist. Wenn wir diese Formel ableiten (differenzieren), können wir berechnen, wie stark die Fläche ansteigt, wenn der Radius bei einem bestimmten Wert größer wird.

> **Beispiel**
>
> In vorigen Abschnitt haben wir gesehen, dass $2\,x$ das Differenzial von $y = x^2$ ist. Daher ist
>
> $$\frac{dA}{dr} = \pi\,(2\,r) \approx 3{,}1416\,(2\,r) = 6{,}2832\,r$$
>
> Wenn der Radius auf 10 mm zugenommen hat, beträgt die Kreisfläche $314{,}16$ mm^2.
>
> Bei diesem Radius beträgt die relative Zunahme der Fläche:
>
> $$\frac{dA}{dr} = 6{,}2832 \times (10\ \text{mm}) = 62{,}832\ \text{mm}$$
>
> Weil im Differenzialquotienten eine Fläche durch eine Länge dividiert wird, müsste die Einheit eigentlich mm^2/mm lauten.

19.11 Das Differenzial von x^3

Die Funktion $y = x^3$ hat das Differenzial $dy/dx = 3\,x^2$.

> **Beispiel**
>
> Das Volumen einer Kugel ist
>
> $$V = \frac{4}{3}\,\pi\,r^3$$
>
> Darin ist π die Kreiszahl mit dem gerundeten Wert $3{,}1416$ und r der Radius der Kugel.
>
> Mit dem eben angegebenen Differenzial $dy/dx = 3\,x^2$ für die Funktion $y = x^3$ gilt für das Differenzial des Kugelvolumens
>
> $$\frac{dV}{dr} = \frac{4}{3} \times 3\,\pi\,r^2 = 4\,\pi\,r^2 \approx 12{,}57\,r^2$$
>
> Wenn der Radius der Kugel auf 10 mm zugenommen hat, beträgt die relative Volumenzunahme hier
>
> $$\frac{dV}{dr} = 12{,}57 \times (10\ \text{mm})^2 = 1257\ \text{mm}^2$$
>
> Weil im Differenzialquotienten ein Volumen durch eine Länge dividiert wird, müsste die Einheit eigentlich mm^3/mm lauten.

19.12 Das Differenzial von x^n

Wir haben festgestellt:

- Das Differenzial von x^2 ist $2\,x$,
- das Differenzial von x^3 ist $3\,x^2$,
- das Differenzial von x^4 ist $4\,x^3$,
- das Differenzial von $2\,x^4$ ist $4 \times 2\,x^3 = 8\,x^3$.

Daraus wird die Gesetzmäßigkeit schon deutlich.

Wir betrachten den allgemeinen Ausdruck $y = m x^n$. Hier liegt, abgesehen vom Faktor m, die Variable x in der n-ten Potenz vor, und die Ableitung ist

$$\frac{dy}{dx} = n\, m\, x^{n-1}$$

Die Konstante c kann man auch als $c x^0$ ansehen (was nichts anderes als $c \times 1$ ist); daher gilt:

- das Differenzial von $c x^0$ ist $0\, c x^{0-1} = 0$.

Das Differenzial einer Konstanten ist also stets null.

Beispiel

Das Differenzial von $y = 3 x^{15} + 7$ ist

$$\frac{dy}{dx} = 15\,(3 x^{15-1}) + 0 = 45 x^{14}$$

19.13 Das Differenzial von $y = 1/x$

$y = \dfrac{1}{x}$ ist dasselbe wie $y = x^{-1}$.

Deshalb können wir das Differenzial mithilfe der obigen Formel $dy/dx = n\, m\, x^{n-1}$ ermitteln:

$$\frac{dy}{dx} = (-1) x^{-1-1} = -x^{-2}$$

19.14 Das Differenzial von e^x

Das Differenzial von e^x ist ebenfalls e^x. Für $y = e^x$ ist daher $dy/dx = e^x$.

Abgesehen von der Zahl null ist e^x der einzige Ausdruck, der gleich seiner Ableitung ist.

Die Zahl e, für die das gilt, ist die Euler'sche Zahl $e \approx 2{,}71828$.

Sie spielt unter anderem eine Rolle beim natürlichen Logarithmus und beim exponentiellen Wachstum oder Zerfall; siehe Kapitel 16 und 17.

Testen Sie Ihr Wissen

Die Lösungen finden Sie auf Seite 182.

Aufgabe 19.1
Die Wärmeabgabe eines Organismus hängt von dessen Oberfläche ab. Bei gegebener Umgebungstemperatur wurde ermittelt, dass für die Wärmeabgabe einer bestimmten Tierart gilt: $y = (50\ \text{W m}^{-2})\,x^2$. Darin ist y Wärmeabgabe in Watt und x die in Metern einzusetzende Länge des Tieres. Berechnen Sie die relative Änderung der Wärmeabgabe, wenn das Tier eine Länge von 1,2 m erreicht hat.

Aufgabe 19.2
Die Anzahl der Wespen in einem Nest nimmt mit der dritten Potenz von dessen Radius zu, und zwar gemäß der Beziehung $y = x^3/(60\ \text{mm}^3)$. Darin ist y die Anzahl der Wespen und x der in Millimetern einzusetzende Nestradius.
Berechnen Sie die Änderung der Anzahl der Wespen pro mm Radiuszunahme, wenn das Nest einen Radius von 30 mm erreicht hat.

Aufgabe 19.3
Wie lautet die Ableitung von $y = 3\,x^{20} - 8$ nach x?

Aufgabe 19.4
Wie lautet die Ableitung von $y = 3/x^5$ nach x?

20 Integralrechnung

Die **Integralrechnung** stellt die Umkehrung der Differenzialrechnung dar; das heißt, das **Integrieren** (oder die Integration) ist die Umkehrung des Differenzierens.

Für unsere Zwecke sind zwei Anwendungen der Integration wichtig:

- Berechnen der ursprünglichen Kurvengleichung, wenn deren Differenzial bekannt ist;
- Berechnen der Fläche unter einem Teil oder Abschnitt einer Kurve.

20.1 Integrieren: Umkehrung des Differenzierens

Wir haben in Kapitel 19 gesehen, dass $dy/dx = 2x$ das Differenzial von $y = x^2$ ist.

Offenbar ist x^2 das Integral von $2x$.

Das sieht recht einfach aus. Allerdings haben wir auch gesehen, dass das Differenzial von $y = x^2 + 9$ ebenfalls $dy/dx = 2x$ ist, sodass das Integral von $2x$ ebenso gut $x^2 + 9$ sein kann.

Beim Differenzieren hatten wir die Konstante *verloren* (weil ihr Differenzial null ist). Entsprechend müssen wir sie beim Integrieren *wiederherstellen*.

Wir bezeichnen die noch unbekannte Konstante mit dem Großbuchstaben C.

Das Integral von $2x$ lautet daher $x^2 + C$.

> ### Beispiel
> Die Integral von $46x$ ist das gleiche wie das Integral von $23(2x)$.
>
> Die Integral von $23(2x)$ lautet $23x^2 + C$.

Weil wir für die Konstante C keinen Zahlenwert angeben können, liegt hier ein „unbestimmtes" Integral vor. Es wird erst dann zu einem „bestimmten", wenn die Größe C mithilfe weiterer Informationen berechnet werden kann.

20.2 Das Integrationszeichen

Das Symbol für die Integration ist das Zeichen $\int$. Am besten stellen wir es uns als langgestrecktes S vor, weil die Integration, wie wir noch sehen werden, mit Summieren zu tun hat.

Hinter dem Integrationszeichen $\int$ steht die zu integrierende Funktion, gefolgt von dx, wenn in Bezug auf die Variable x zu integrieren ist.

Wenden wir das nun auf das Beispiel im vorigen Abschnitt an. Das Integral von $2x$ in Bezug auf x ist als $\int 2x\,dx$, zu schreiben, und es gilt

$$\int 2x\,dx = x^2 + C$$

Schreiben wir aber

$$\int_2^5 f(x)\,dx$$

dann bedeutet dies, das Integral der Funktion von x in Bezug auf x ist zwischen den Werten $x = 2$ und $x = 5$ zu ermitteln. Hier handelt es sich um ein bestimmtes Integral.

In der Funktionsschreibweise $y = f(x)$ lautet das Integral $\int f'(x)\,dx = f(x)$. Dabei wird besonders gut deutlich, dass das Integrieren die Umkehrung des Differenzierens ist. Das Differenzial von $f(x)$ in Bezug auf x ist $f'(x)$ (siehe Abschnitt 19.7), und das Integral von $f'(x)$ in Bezug auf x ist die Funktion $f(x)$, abgesehen von der unbekannten Konstanten C.

20.3 Das Integral von x^n

Das Integral von x^n in Bezug auf x ist

$$\frac{x^{n+1}}{n+1} + C$$

Vollständig ausgeschrieben, lautet die Gleichung:

$$\int x^n\,dx = \frac{x^{n+1}}{n+1} + C$$

Beispiel

Wir wollen $y = 4x^3$ in Bezug auf x integrieren.

$$\int 4x^3\,dx = 4\,\frac{x^{3+1}}{3+1} + C = 4\,\frac{x^4}{4} + C = x^4 + C$$

20.4 Flächenberechnung durch Integration

Ist der Graph einer Gleichung geradlinig, so kann die Fläche unter einem Abschnitt der Geraden leicht berechnet werden. Der Graph in der Abbildung hat die Gleichung $y = x/2$.

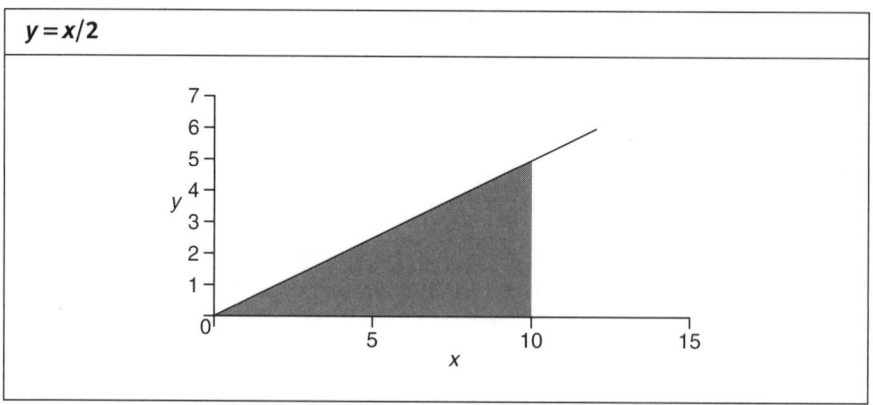

Die Fläche unter der Linie zwischen den Werten $x = 0$ und $x = 10$ ist folgendermaßen zu berechnen:

$$\frac{\delta x \times \delta y}{2} = \frac{10 \times 5}{2} = 25$$

Ist der Graph aber nicht geradlinig, sondern eine gekrümmte Kurve, dann müssen wir integrieren, um die Fläche darunter zu ermitteln.

Die Fläche unter einer Kurve ist durch das *Integral* der Kurvengleichung gegeben.

Das wenden wir jetzt auf die Kurve $y = x^n$ an. Wir bezeichnen die Fläche mit dem Großbuchstaben A und erhalten

$$A = \int x^n \, dx = \frac{x^{n+1}}{n+1} + C$$

Dieses unbestimmte Integral wird zu einem bestimmten Integral, wenn die Konstante C herausfällt, indem zwei x-Werte als Integrationsgrenzen eingesetzt werden. Hier müssen wir zwischen $x = 0$ und $x = 10$ integrieren. Für unsere Funktion $y = x/2$ ergibt sich damit

$$A = \int_0^{10} \frac{x}{2} \, dx = \left[\frac{x^{1+1}}{2\,(1+1)} + C \right]_0^{10} = \left[\frac{x^2}{4} + C \right]_0^{10}$$

Die Integrationsgrenzen werden üblicherweise unten und oben rechts an der eckigen Klammer angegeben.

Zum Berechnen des bestimmten Integrals wird zunächst die obere Grenze (hier $x = 10$) eingesetzt; davon wird die integrierte Funktion unter Einsetzen der unteren Grenze (hier $x = 0$) subtrahiert. Das Ergebnis ist die Fläche unter dem Kurvenstück zwischen den beiden x-Werten:

$$A = \left(\frac{10^2}{4} + C \right) - \left(\frac{0^2}{4} + C \right) = 25 - 0 + C - C = 25$$

Beachten Sie, wie die Konstante C aufgrund der Differenzbildung herausfällt.

Beispiel

$y = x^2$

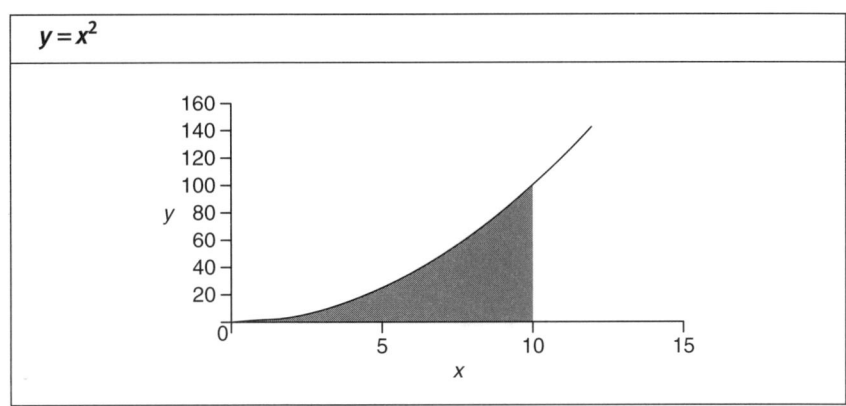

Die Gleichung für die Fläche unter der Kurve ist das Integral von x^2:

$$A = \int x^2 \, dx = \frac{x^{2+1}}{2+1} + C = \frac{x^3}{3} + C$$

Die Fläche zwischen $x = 0$ und $x = 10$ ist daher (auf zwei Nachkommastellen genau)

$$A = \int_0^{10} x^2 \, dx = \left[\frac{x^3}{3} + C \right]_0^{10} = \left(\frac{10^3}{3} + C \right) - \left(\frac{0^3}{3} + C \right) = \frac{10^3}{3} - 0 = 333,33$$

Entsprechend ergibt sich die Fläche zwischen $x = 1$ und $x = 10$ zu

$$A = \int_1^{10} x^2 \, dx = \left[\frac{x^3}{3} + C \right]_1^{10} = \left(\frac{10^3}{3} + C \right) - \left(\frac{1^3}{3} + C \right) = \frac{10^3}{3} - \frac{1}{3} = 333$$

20.5 Die Integration als Summation

In diesem Abschnitt untersuchen wir, warum die Fläche unter einer Kurve durch das Integral der Kurvengleichung gegeben ist.

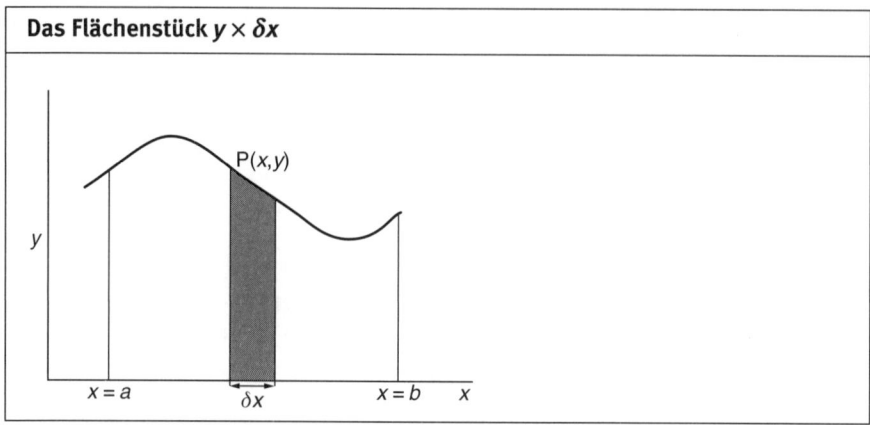

Das Flächenstück $y \times \delta x$

Die Fläche des schmalen Streifens unter der Kurve ist näherungsweise gleich der mittleren Höhe y des Streifens, multipliziert mit der Differenz der x-Werte von rechtem und linkem Rand des Streifens. Diese Differenz bezeichnen wir mit δx.

Damit ist die Fläche des Streifens näherungsweise (daher das Zeichen $\approx$):

$$y \times \delta x \approx \delta A$$

Nun stellen wir uns die gesamte Fläche von $x = a$ bis $x = b$ in unzählig viele, winzig schmale Streifen aufgeteilt vor. Dann ist die gesamte Fläche gleich der Summe aller winzig kleinen Flächenstücke δA, und wir können für die Fläche A schreiben

$$A \approx \sum_{x=a}^{x=b} \delta A$$

Darin symbolisiert der griechische Großbuchstabe Σ (Sigma) die Summation der hinter ihm notierten Ausdrücke. Am Sigma ist unten bzw. oben notiert, zwischen welchen x-Werten die Flächenstücke δA zu summieren sind, hier also von $x = a$ bis $x = b$.

Wir wissen schon, dass $\delta A \approx y\,\delta x$ ist. Das setzen wir in die vorige Gleichung ein:

$$A \approx \sum_{x=a}^{x=b} y\,\delta x$$

Je schmaler die Streifen werden, d. h. je kleiner δx ist, desto genauer entspricht diese Summe der Fläche unter der Kurve.

Im Abschnitt 19.6 haben wir schon den Begriff des Grenzwerts und das für ihn verwendete Symbol „lim" kennen gelernt.

Bei infinitesimal schmalen Streifen, also für $\delta x \to 0$, ist die Fläche unter der Kurve gegeben durch

$$A = \lim_{\delta x \to 0} \sum_{x=a}^{x=b} y\,\delta x$$

Wegen $y = f(x)$ ist A auch eine Funktion von x allein.

Daher können wir $\delta A \approx y\,\delta x$ umformen zu

$$\frac{\delta A}{\delta x} \approx y$$

Nun bilden wir den Grenzübergang zu unendlich schmalen Streifen:

$$\lim_{\delta x \to 0} \frac{\delta A}{\delta x} = y$$

Für den Grenzwert gilt aber

$$\lim_{\delta x \to 0} \frac{\delta A}{\delta x} = \frac{dA}{dx} \quad \text{und daher} \quad \frac{dA}{dx} = y$$

Damit folgt schließlich

$$A = \int y\,dx$$

Also ist die Fläche gleich dem Integral von y in Bezug auf x.

Mit den Integrationsgrenzen $x = a$ und $x = b$ gilt somit für die gesamte Fläche unter der Kurve zwischen den beiden x-Werten:

$$A = \int_a^b y\,dx$$

Testen Sie Ihr Wissen

Die Lösungen finden Sie auf Seite 182.

Aufgabe 20.1
Integrieren Sie $y = 7x^4$ in Bezug auf x.

Aufgabe 20.2
Die Abbildung zeigt den Graphen der Funktion $y = 2x^3$. Ermitteln Sie die Fläche unter der Kurve zwischen $x = 3$ und $x = 5$.

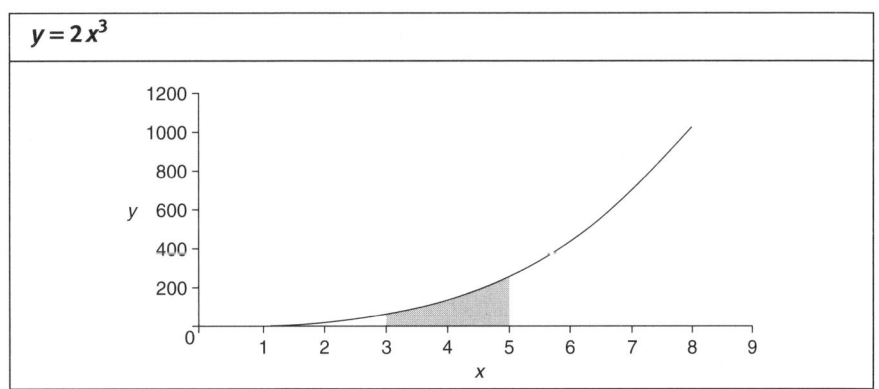

21 Anwenden und Erkennen von Graphen

Viele Gleichungen ergeben bei der Auftragung charakteristische Kurven. Aufzeichnen und Wiedererkennen der Form des jeweiligen Graphen können bei der Entscheidung hilfreich sein, welche Art von Beziehung zwischen zwei Variablen besteht.

21.1 Bezeichnen von Graphen

Zunächst einige allgemeine Tipps zum Anlegen von Diagrammen:

- Beschriften Sie die Achsen stets mit den Bezeichnungen der Variablen.
- Geben Sie, wo es angebracht ist, hinter dem Namen der Variablen auch die verwendete Einheit an, beispielsweise „Zeit (min)".
- Vergeben Sie eine Überschrift für den Graphen.

21.2 Einzelpunktdiagramme

In Kapitel 7 wurde schon kurz das Erstellen eines Graphen anhand der Werte aus einer Tabelle erläutert.

Eine Methode zum Entscheiden, ob zwischen zwei Wertegruppen eine Beziehung besteht, ist das Zeichnen eines **Einzelpunktdiagramms** (englisch *scatter plot*), wobei sämtliche Werte als einzelne Punkte dargestellt sind.

Wir können ein Einzelpunktdiagramm auch dann zeichnen, wenn die Einheiten auf der x- und der y-Achse **kontinuierlich** sind, d. h. wenn auch Werte zwischen den an den Koordinaten angegebenen Werten auftreten können.

Beispiele für kontinuierliche Variablen sind Zeit und Strecke.

Wenn die Punkte einen eindeutigen Verlauf erkennen lassen, dürfen wir sie im Diagramm miteinander verbinden.

Beispiel

Diese Tabelle gibt in Abhängigkeit von der Zeit die Anzahl an Bakterien an, die sich in einer Kolonie vermehrt haben.

Wachstum einer Bakterienkolonie								
Zeit (min)	0	10	25	45	60	75	100	120
Anzahl der Bakterien	470	650	1030	1900	3040	4830	10 500	19 500

Die Daten sind tatsächlich kontinuierlich:

- Die Zeit ist gewiss kontinuierlich.
- Zwar liegen keine halben Bakterien vor, doch ist ihre Anzahl so groß, dass wir sie als kontinuierlich ansehen und behandeln können.

Daher können wir die Werte in einem Einzelpunktdiagramm auftragen und, weil ein eindeutiger Verlauf erkennbar ist, eine Linie durch die Punkte zeichnen.

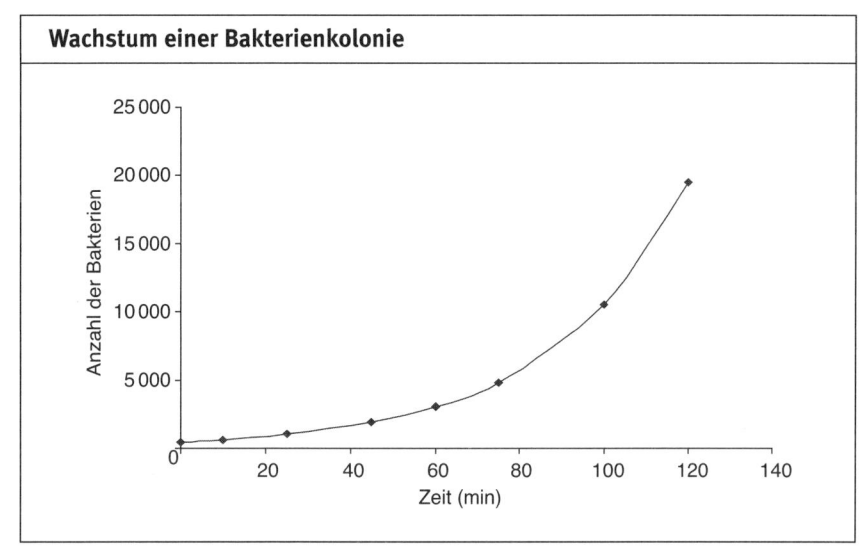

Wachstum einer Bakterienkolonie

21.3 Graphen und Arten von Variablen

Weil kontinuierliche Variablen innerhalb eines gegebenen Bereichs jeden beliebigen Wert annehmen können, lassen sich aus der Linie, die wir gezeichnet haben, bestimmte Informationen erschließen. Im vorigen Beispiel können wir die Anzahl der Bakterien in der Kolonie nach 90 Minuten abschätzen, obwohl für diesen Zeitpunkt keine Daten erfasst wurden.

Dagegen dürfen bei **kategorischen Variablen,** bei denen nur bestimmte Werte existieren können, oder bei **nominalen Variablen,** deren Kategorien keine Reihenfolge aufweisen, die Punkte im Einzelpunktdiagramm nicht miteinander verbunden werden.

Wenn die Daten **diskret** sind, d. h. wenn die Werte zwischen den an den Koordinaten angegebenen Werten bedeutungslos sind, oder wenn **kategorische Variablen** vorliegen, die unterschiedliche Ausprägungen eines Merkmals repräsentieren, dürfen die Punkte im Einzelpunktdiagramm nicht miteinander verbunden werden.

Beispiel

An 7 aufeinander folgenden Tagen wurde jeweils die Anzahl der Patienten erfasst, die mit Knochenbrüchen ins Krankenhaus aufgenommen wurden.

Anzahlen der in einer Woche aufgenommenen Patienten							
Tag	1	2	3	4	5	6	7
Anzahl der Einweisungen	5	4	6	7	8	5	4

Nun sind keine „halben Patienten" möglich, sodass diskrete Daten vorliegen. Daher können wir zwar ein Einzelpunktdiagramm erstellen, dürfen die Punkte aber nicht miteinander verbinden.

Auftragung der Anzahlen der Einweisungen

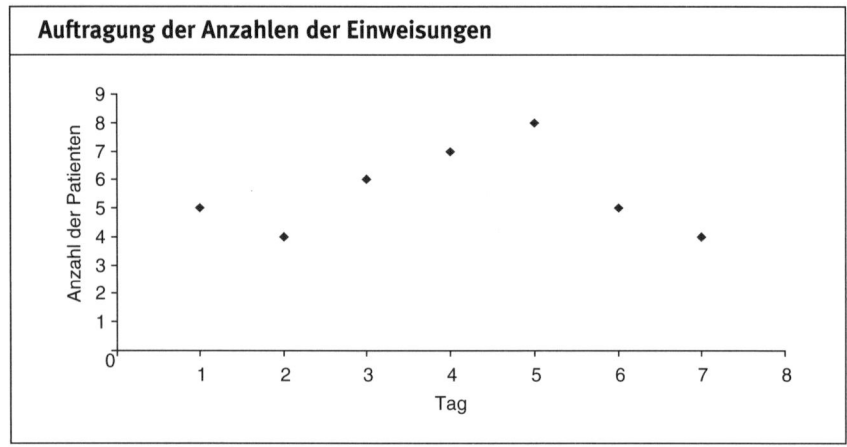

Weil das Verbinden der Punkte nicht sinnvoll ist, bietet sich eine übersichtlichere Darstellungsweise an: das **Balkendiagramm**.

Balkendiagramm mit den Anzahlen der Einweisungen

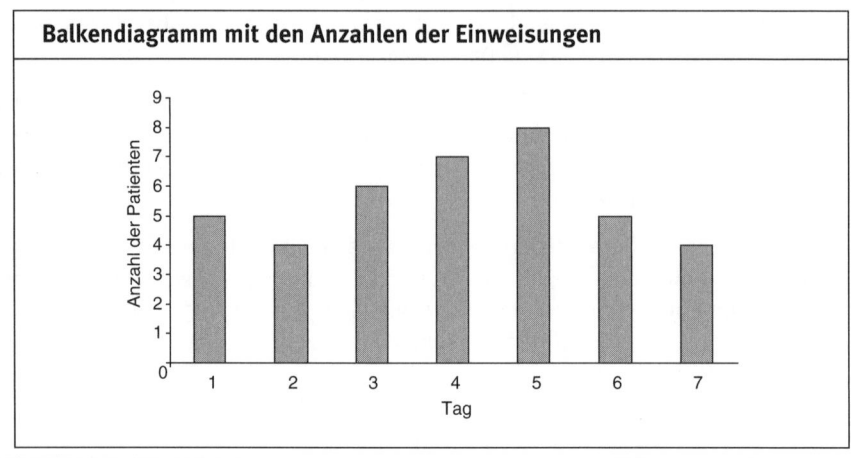

21.4 Die Ausgleichsgerade

Wenn wir beispielsweise biologische Daten erfassen und auftragen, dann zeigt sich gewöhnlich keine *exakte* mathematische Beziehung zwischen ihnen (beispielsweise eine Proportionalität, die im Graphen eine Gerade durch den Ursprung ergäbe). Das kann an ganz normalen Variationen der betreffenden Eigenschaft in der betrachteten Population liegen, aber auch an Fehlern oder Ungenauigkeiten beim Messen oder Erfassen der Daten.

Lassen die Daten aber eine mathematische Beziehung vermuten, so können wir diese mithilfe einer so genannten **Ausgleichskurve** demonstrieren, anstatt sämtliche Punkte miteinander zu verbinden.

Die Ausgleichskurve macht den Trend deutlich, dem die aufgetragenen Punkte folgen. Wenn die Ausgleichskurve eine Gerade ist, so entspricht der Trend ihrem Gradienten.

Beispiel

Bei einer Messreihe an einer Gruppe von 10 Mäusen wurden folgende Körper- und Schwanzlängen gemessen:

Beziehung zwischen Schwanz- und Körperlänge bei 10 Mäusen										
Körperlänge (mm)	92	97	96	99	100	111	109	115	120	122
Schwanzlänge (mm)	31	32	35	36	40	43	44	49	49	52

Wenn wir die Werte auftragen, ist eine Beziehung (ein Zusammenhang) zwischen Körper- und Schwanzlänge zu erkennen, wie die Abbildung zeigt.

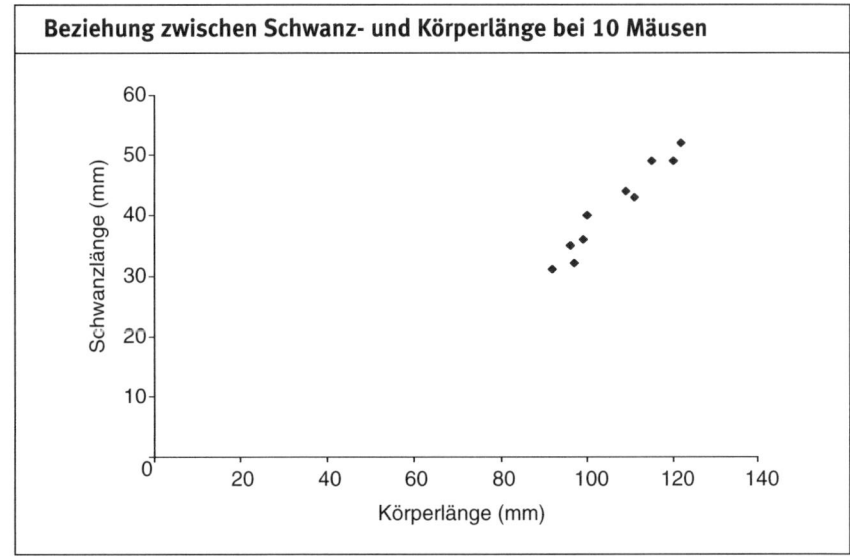

Beziehung zwischen Schwanz- und Körperlänge bei 10 Mäusen

Die Anordnung der Messpunkte lässt einen Zusammenhang zwischen Körper-
und Schwanzlänge von Mäusen vermuten, der der allgemeinen Geradengleichung $y = mx + c$ folgt.

Beispiel

Die Abbildung zeigt wieder das vorige Diagramm mit den Einzelpunkten, jetzt
aber um die Ausgleichsgerade ergänzt.

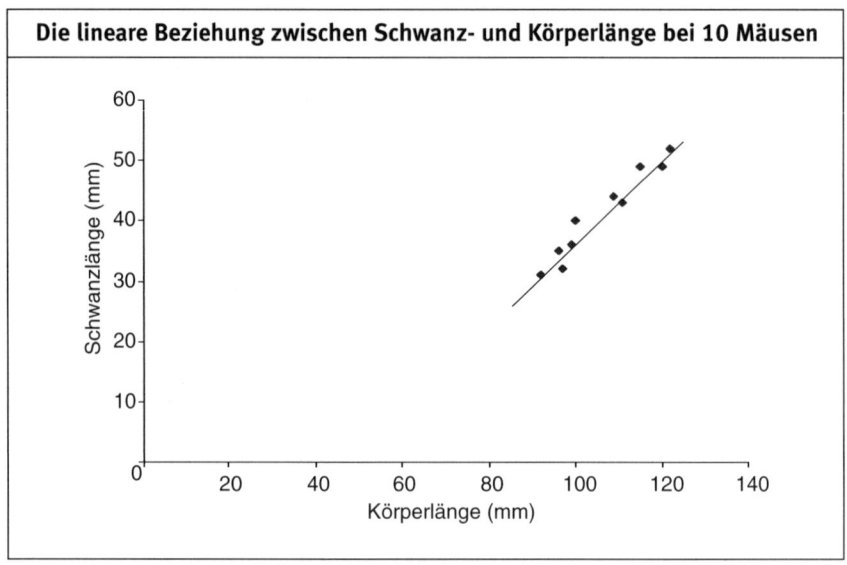

Die lineare Beziehung zwischen Schwanz- und Körperlänge bei 10 Mäusen

Wenn sich die Körperlänge x um 30 mm ändert, beträgt die Änderung der
Schwanzlänge y näherungsweise 21 mm.

Wir wissen aus Kapitel 8, dass der Gradient definiert ist durch

$$\frac{\text{Änderung von } y}{\text{Änderung von } x} \quad \text{oder} \quad \frac{y_2 - y_1}{x_2 - x_1}$$

Hier beträgt er ungefähr (21 mm)/(30 mm) $\approx$ 0,7, und die Gleichung für die
Ausgleichsgerade lautet daher $y \approx 0,7x + c$.

Die Konstante c können wir ebenfalls abschätzen. Dazu müssen wir nur die
Ausgleichsgerade verlängern (extrapolieren), bis sie die y-Achse schneidet.

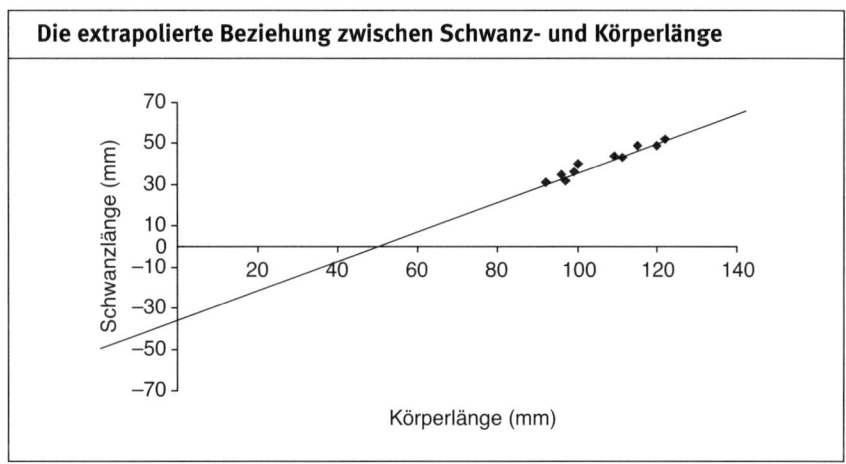

Die extrapolierte Beziehung zwischen Schwanz- und Körperlänge

Der Achsenabschnitt auf der y-Achse ist $y \approx -35$ mm. Damit können wir die gesamte Gleichung aufstellen, die die Körper- und die Schwanzlänge in der betrachteten Gruppe von Mäusen beschreibt:

$$y \approx 0{,}7\,x - 35 \text{ mm}$$

Natürlich ist eine (mathematisch mögliche) negative Schwanzlänge sinnlos. Allgemein darf man solche Diagramme nur in dem Bereich auswerten bzw. interpretieren, für den Daten verfügbar sind.

Wie man eine Ausgleichsgerade ermittelt, wird in Kapitel 42 erklärt.

21.5 Eine quadratische Beziehung

In Kapitel 12 haben wir gesehen, dass **quadratische Gleichungen** die allgemeine Formel

$$a\,x^2 + b\,x + c = 0$$

haben. Sie besitzen im Prinzip zwei Lösungen, und ihr Graph ist spiegelsymmetrisch. Bei positivem a ist seine Form ∪-ähnlich, bei negativem a jedoch ∩-ähnlich.

Beispiel

In der Abbildung wird die symmetrische ⌣-Form des Graphen gut deutlich, der eine Beziehung zwischen x und y beschreibt.

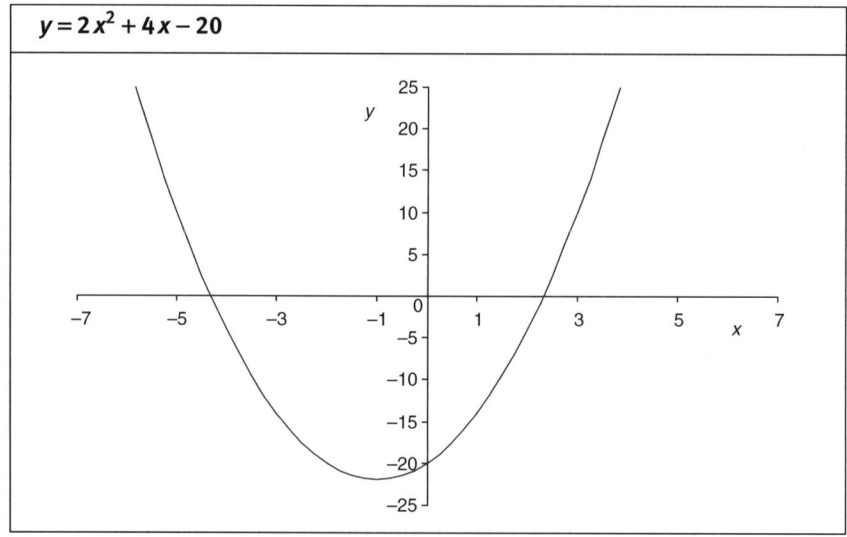

$$y = 2x^2 + 4x - 20$$

Hier liegt die quadratische Gleichung

$$y = 2x^2 + 4x - 20$$

zugrunde. Beachten Sie, dass die Kurve die y-Achse bei -20 schneidet. Das ist die Konstante c in der Gleichung.

21.6   Eine kubische Beziehung

Ein Polynom mit der höchsten Potenz 3 hat im Prinzip die Form eines liegenden S, das auch an der y-Achse gespiegelt sein kann.

Beispiel

$$y = x^3 + 3x^2 + 2x + 100$$

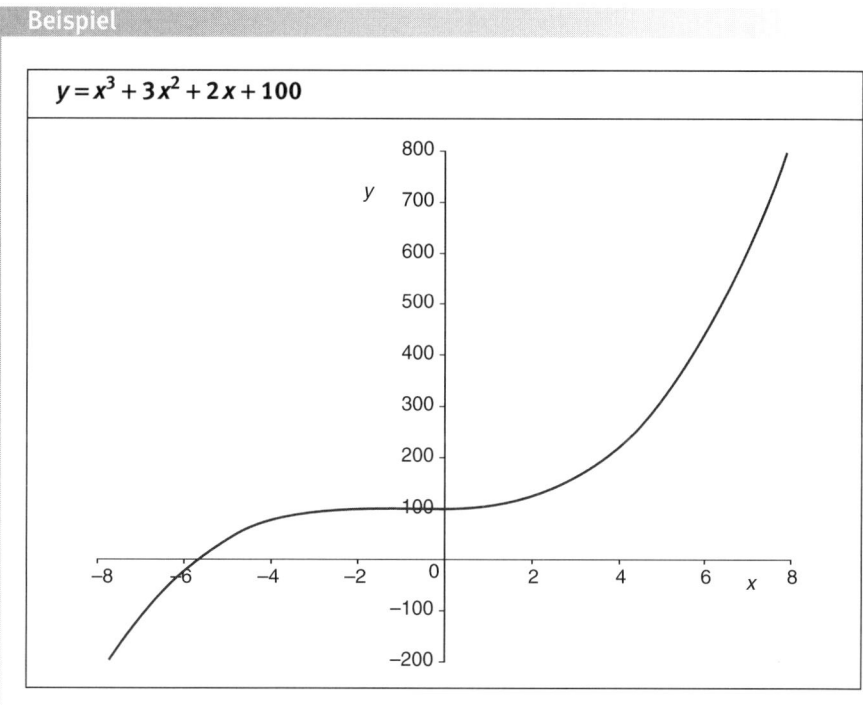

Der Graph einer kubischen Gleichung.

21.7 Graphen mit Asymptoten

Eine **Asymptote** ist eine Gerade, der sich eine Kurve im (positiven oder negativen) Unendlichen annähert, ohne sie aber jemals zu erreichen oder gar zu schneiden.

Wenn ein Graph eine Asymptote hat, liefert das in vielen Fällen weiteren Aufschluss über die Beziehung zwischen den aufgetragenen Größen.

Beispiel

Wir betrachten den Graphen der Michaelis-Menten-Gleichung für enzym-katalysierte Reaktionen (siehe Abschnitt 26.3).

Hier wollen wir uns nur den Verlauf der Kurve ansehen, die die Reaktions-geschwindigkeit v in Abhängigkeit von der Substratkonzentration [S] beschreibt.

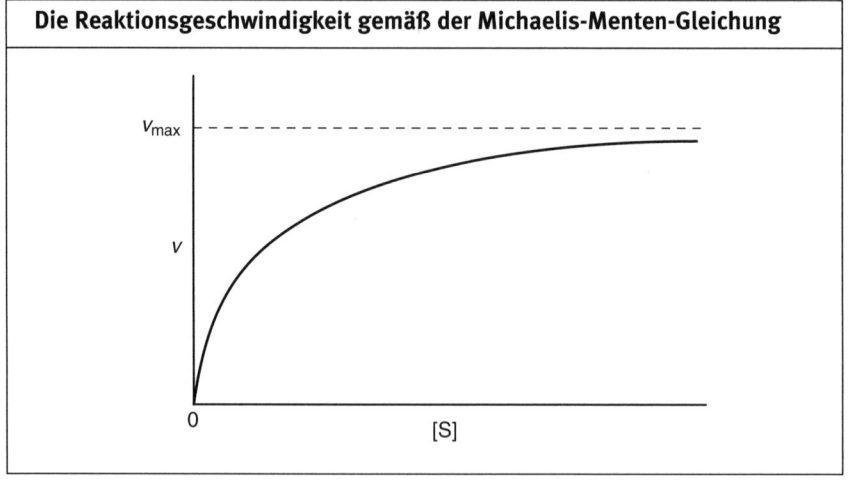

Die Reaktionsgeschwindigkeit gemäß der Michaelis-Menten-Gleichung

Wir erkennen, dass die Reaktionsgeschwindigkeit den Maximalwert v_{max} niemals erreicht; dieser stellt also eine Asymptote dar. Ein Graph dieser Art folgt einer Gleichung der Form

$$y = \frac{1}{ax} + b$$

21.8 Exponentielle Beziehungen

In Kapitel 17 haben wir gesehen, dass **exponentielle** Beziehungen, beispielsweise das exponentielle Wachstum, durch die allgemeine Gleichung $y = a^x$ zu beschreiben sind.

Die Graphen von Gleichungen für exponentielles Wachstum haben charakteristische Formen: Wenn x zunimmt, steigen die Kurven immer steiler an.

Beispiel

Es wurden 20 Roggensämlinge ausgebracht, die sich unter optimalen Bedingungen vermehren konnten. Sie wurden dann monatlich gezählt.

Anzahl der Roggensämlinge in Abhängigkeit von der Zeit							
Zeit (Monate)	0	1	2	3	4	5	6
Anzahl der Sämlinge	20	35	61	105	188	320	557

Wenn wir die Werte gegen die Zeit auftragen, erhalten wir die in der Abbildung dargestellte Kurve.

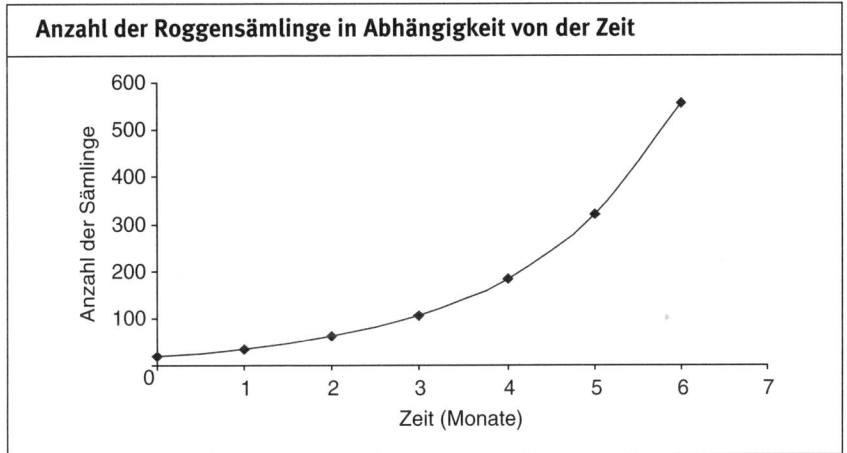

Der Graph sieht so aus, als könnte eine exponentielle Beziehung vorliegen. Um das zu beurteilen, haben wir zwei andere Möglichkeiten der Auftragung:

- Wir tragen die Anzahlen auf einfach-logarithmischem Papier gegen die Zeit auf. (Bei diesem Papier hat eine Achse, gewöhnlich die vertikale, einen logarithmischen Maßstab, die andere aber nicht.)
- Wir tragen den natürlichen Logarithmus (ln) der Anzahl der Sämlinge gegen die Zeit auf.

Wenn die Beziehung – wie wir ja vermuten – exponentiell ist, muss sich bei beiden Auftragungen eine Gerade ergeben.

Beachten Sie in der nächsten Abbildung den Maßstab an der y-Achse: Jede im gleichen Abstand nach oben folgende Zahl ist 10-mal so groß wie die vorige, sodass ein logarithmischer Maßstab vorliegt. Die x-Achse trägt dagegen einen gewöhnlichen, nicht logarithmischen Maßstab. Also haben wir einfach-logarithmisches Papier verwendet.

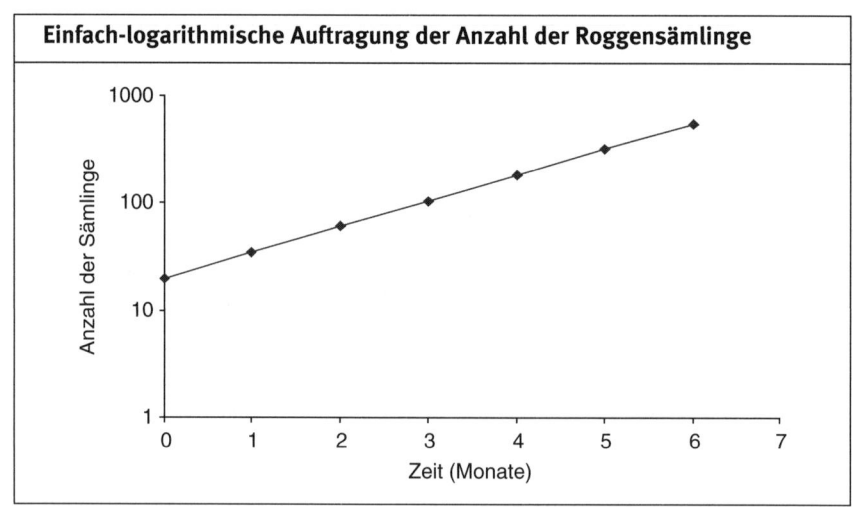

Die Messpunkte ergeben hier eine Gerade, was die exponentielle Beziehung bestätigt.

Dasselbe Verfahren können wir auch beim exponentiellen Zerfall anwenden.

Beispiel

Hühnerfutter wurde auf 60 °C aufgeheizt, um die Bakterien *Staphylococcus aureus* abzutöten. In der Tabelle ist aufgeführt, wie viele Bakterien nach bestimmten Zeiten jeweils noch überlebt hatten.

Anzahl der Bakterien im Hühnerfutter in Abhängigkeit von der Zeit					
Zeit (min)	0	3	6	9	12
Anzahl der Bakterien (Zellen pro mm^3)	3×10^6	$8,4 \times 10^5$	$1,9 \times 10^5$	$5,4 \times 10^4$	$1,4 \times 10^4$

Die Abbildung zeigt die Auftragung der Messwerte des Beispiels.

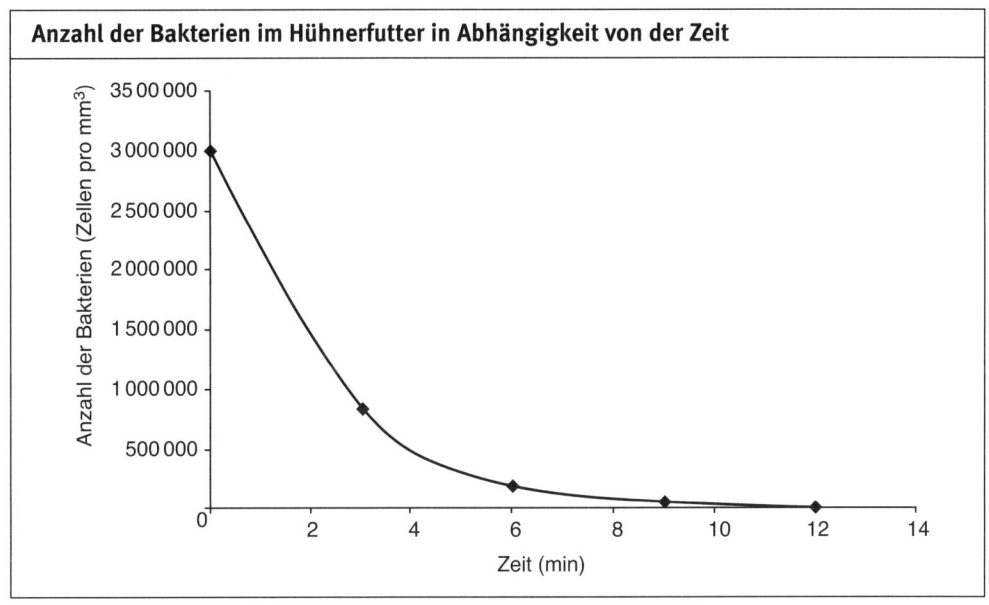

Anzahl der Bakterien im Hühnerfutter in Abhängigkeit von der Zeit

Uns interessiert nun, ob auch hier eine exponentielle Beziehung vorliegt. Weil die Werte mit der Zeit nicht zu- sondern abnehmen, müsste die Beziehung einen negativen Exponenten aufweisen.

Diesmal verwenden wir kein einfach-logarithmisches Papier, sondern berechnen die natürlichen Logarithmen der Bakterienanzahlen und tragen diese auf.

Anzahl der Bakterien im Hühnerfutter in Abhängigkeit von der Zeit

Zeit (min)	0	3	6	9	12
Anzahl der Bakterien (Zellen pro mm^3)	3×10^6	$8,4 \times 10^5$	$1,9 \times 10^5$	$5,4 \times 10^4$	$1,4 \times 10^4$
Natürlicher Logarithmus der Bakterienanzahl	14,91	13,64	12,15	10,90	9,55

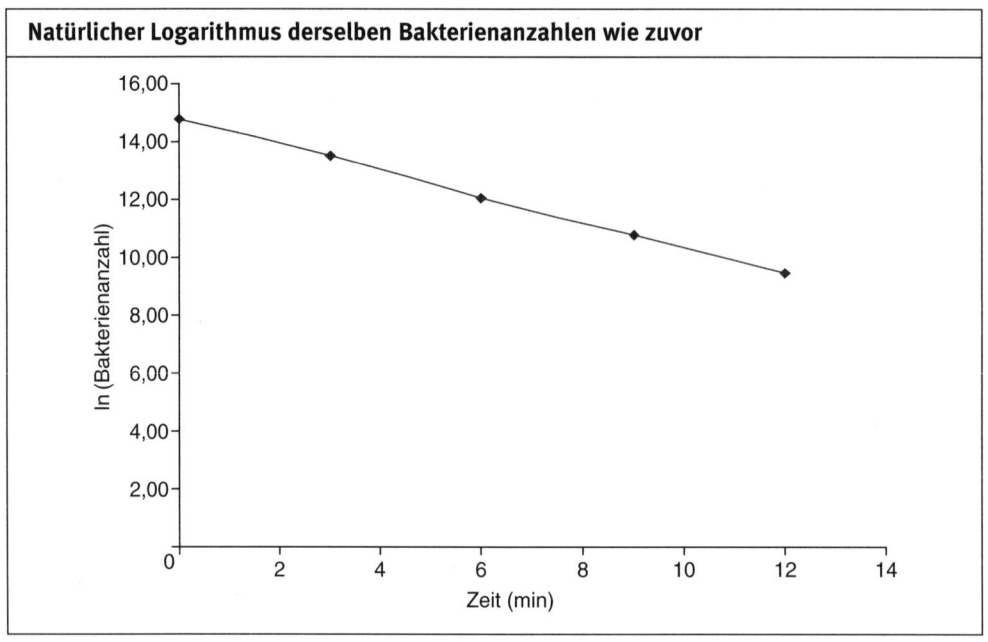

Die Auftragung ergibt eine Gerade mit negativem Gradienten. Also liegt zwischen der Bakterienanzahl und der Zeit eine exponentielle Beziehung vor, genauer gesagt: ein Zerfall, der einem exponentiellen Zeitgesetz folgt.

SI-Einheiten

Jede physikalische oder technische Größe sollte in der jeweiligen **SI-Einheit** angegeben werden. „SI" ist die Abkürzung des französischen Ausdrucks *Système International d'Unités*, der „Internationales Einheitensystem" bedeutet.

Die folgende Tabelle enthält die SI-Basiseinheiten, die in den Biowissenschaften und der Medizin am häufigsten benötigt werden. (Hinzu kommen noch die Basiseinheiten Ampere für die elektrische Stromstärke und Candela für die Beleuchtungsstärke.)

SI-Basiseinheiten		
Größe	**SI-Einheit**	**Einheitenzeichen**
Masse	Kilogramm	kg
Länge	Meter	m
Zeit	Sekunde	s
Temperatur	Kelvin	K
Stoffmenge	Mol	mol

Hiervon kann eine Vielzahl weiterer SI-Einheiten abgeleitet werden.

Beispiel

Die Einheit für die Kraft ist das Newton mit dem Einheitenzeichen N. Es ist definiert als $1\,N = 1\,kg\,m\,s^{-2}$.

22.1 Vielfache und Bruchteile von SI-Einheiten

Um auch sehr kleine oder sehr große Werte in SI-Einheiten übersichtlich angeben zu können, muss man sie mit einem Faktor versehen, der eine entsprechende Zehnerpotenz darstellt.

Dabei ist es üblich, die Potenzen in 3er-Schritten (Faktor 1000 bzw. 1/1000) zu vergeben. Hierzu wurden bestimmte Vorsätze (siehe Tabelle) definiert, die diese Potenzen beschreiben.

Vorsätze zur Bezeichnung von Vielfachen bzw. Teilen von Einheiten		
Vorsatz	**Vorsatzzeichen**	**Die Einheit wird multipliziert mit**
Exa-	E	10^{18}
Peta-	P	10^{15}
Tera-	T	10^{12}
Giga-	G	10^{9}

Vorsatz	Vorsatzzeichen	Die Einheit wird multipliziert mit
Mega-	M	10^6
Kilo-	k	10^3
Milli-	m	10^{-3}
Mikro-	μ	10^{-6}
Nano-	n	10^{-9}
Piko-	p	10^{-12}
Femto-	f	10^{-15}
Atto-	a	10^{-18}

Bei Berechnungen ist es oft günstig, die Werte in die jeweilige SI-Einheit umzusetzen und dabei die **Standardform der Potenzschreibweise** (siehe Abschnitt 5.2) anzuwenden.

Beispiele

$$12 \text{ km} = 1{,}2 \times 10^4 \text{ m}$$

$$0{,}78 \text{ nm} = 0{,}78 \times 10^{-9} \text{ m} = 7{,}8 \times 10^{-10} \text{ m}$$

$$13{,}7 \text{ μg} = 13{,}7 \times 10^{-6} \text{ g} = 13{,}7 \times 10^{-9} \text{ kg} = 1{,}37 \times 10^{-8} \text{ kg}$$

22.2 Verwendung von Nicht-SI-Einheiten

Es sind manche Einheiten (noch) gebräuchlich, die keine SI-Einheiten sind. Die in Biologie und Medizin gebräuchlichsten sind in der nächsten Tabelle zusammengestellt.

Häufig verwendete Nicht-SI-Einheiten		
Größe	**Einheitenzeichen**	**Wert in SI-Einheiten**
Grad Celsius	°C	0 °C = 273,15 K
Liter	l	$1 \text{ l} = 1 \times 10^{-3} \text{ m}^3$
Gramm	g	$1 \text{ g} = 1 \times 10^{-3} \text{ kg}$
Angstrom	Å	$1 \text{ Å} = 10^{-10} \text{ m}$
(Zeit-)Minute	min	1 min = 60 s
Stunde	h	1 h = 3600 s
Tag	d	1 d = 86 400 s
Jahr	a	$1 \text{ a} \approx 3{,}156 \times 10^7 \text{ s}$

Die Formel für die Umrechnung von Grad Celsius (°C) in Kelvin (K) lautet

$$T = \left(\frac{T_C}{°C} + 273{,}15 \right) \text{K}$$

Das sieht kompliziert aus, ist im Grunde aber nur eine einfache Addition.

Beispielsweise erhalten wir für 20 °C

$$T = \left(\frac{20\,°C}{°C} + 273{,}15 \right) K = (20 + 273{,}15)\,K = 293{,}15\,K$$

Testen Sie Ihr Wissen

Die Lösungen finden Sie auf Seite 182.

Aufgabe 22.1
Die Masse eines DNA-Moleküls in einer menschlichen Zelle wurde zu 5,5 pg ermittelt. Geben Sie diesen Wert in der SI-Basiseinheit der Masse an, wobei Sie die Standardform der Potenzschreibweise verwenden.

Aufgabe 22.2
Ein Epidemiologe untersucht eine Population in einem 5 km langen und 6 km breiten Gebiet. Geben Sie dessen Fläche mithilfe von SI-Basiseinheiten an, wobei Sie die Standardform der Potenzschreibweise verwenden.

Aufgabe 22.3
Für die Lagerung von Zellen wird die Temperatur auf −40,5 °C eingestellt. Wie hoch ist sie in Kelvin?

Molzahlen und Konzentrationen

In der Biochemie spielt die Stoffmengeneinheit Mol eine zentrale Rolle.

23.1 Molekül- und Atommasse

Die **Molekülmasse** wird zuweilen in der Einheit **Dalton** (mit dem Einheitenzeichen Da) angegeben. Ein Dalton ist definiert als ein Zwölftel der Masse eines Atoms des in der Natur weitaus am häufigsten auftretenden Kohlenstoff-Isotops ^{12}C.

Entsprechend kann auch die **Atommasse** in Dalton angegeben werden. Die Summe der Atommassen einer Verbindung ist gleich ihrer Molekülmasse.

Beispiele

Atommasse von Stickstoff (N)	14,01 Da
Atommasse von Sauerstoff (O)	+ 16,00 Da
Molekülmasse von Stickstoffmonoxid (NO)	30,01 Da

Die Molmasse eines bestimmten Proteins beträgt 10 kDa = 10 000 Da. Sein Molekül ist also 10 000-mal schwerer als 1/12 eines Kohlenstoffatoms.

23.2 Das Mol und die Molmasse

Ein **Mol** eines Elements oder einer chemischen Verbindung ist dadurch definiert, dass es $6,022 \times 10^{23}$ Teilchen (Atome bzw. Moleküle) enthält. Das sind ebenso viele Teilchen, wie Atome in 12,00 g des Kohlenstoff-Isotops ^{12}C vorliegen. Die Stoffmengeneinheit Mol hat das Einheitenzeichen mol und ist eine SI-Basiseinheit.

Der Wert $6,022 \times 10^{23}$ mol^{-1} wird als Avogadro'sche Zahl bezeichnet.

Die Molmasse m_{Mol} eines Elements oder einer chemischen Verbindung ist die Masse eines Mols der betreffenden Substanz in Gramm. Sie hat also die Einheit g mol^{-1}. Bei einer Verbindung ergibt sie sich aus der Summe der einzelnen Molmassen ihrer Elemente.

Beispiele

Die Molmasse von Glucose ist 180,18 g mol^{-1}; daher hat 1 mol Glucose die Masse 180,18 g.

Die Molmasse der Verbindung Natriumchlorid ist wie folgt zu berechnen:

Molmasse von Natrium (Na)	22,99 g mol^{-1}
Molmasse von Chlor (Cl)	+ 35,45 g mol^{-1}
Molmasse von Natriumchlorid (NaCl)	58,44 g mol^{-1}

23.3   Berechnen der Molzahl einer Substanzmenge

Die Anzahl n der Mole in einer Substanzmenge mit der (in g einzusetzenden Masse) m_{Subst} ist

$$n = \frac{m}{m_{Mol}}$$

Darin ist m_{Mol} die in g mol^{-1} einzusetzende Molmasse der Substanz.

> **Beispiel**
>
> Wieviel Mol sind in 360,36 g Glucose enthalten?
>
> $$n = \frac{360,36\,g}{180,18\,g\,mol^{-1}} = 2\,mol$$

23.4   Molarität

Die **Konzentration** einer Substanz in einer Lösung ist allgemein definiert als ihre Menge, bezogen auf das Volumen der Lösung:

$$Konzentration = \frac{Substanzmenge}{Volumen}$$

Die **Molarität** n/V einer Lösung ist die Konzentration der betreffenden Substanz in Mol pro Liter (mol l^{-1}). Wir bezeichnen wie zuvor die Molzahl mit n, die Molmasse mit m_{Mol} sowie das Volumen mit V. Dann ist die Molarität definiert durch

$$\frac{n}{V} = \frac{Substanzmasse}{Molmasse \times Volumen} = \frac{m_{Subst}}{m_{Mol} \times V}$$

Eine Lösung, die in einem Liter ein Mol der betreffenden Substanz enthält, bezeichnet man als „1-molar" und schreibt dies als 1 M.

> **Beispiel**
>
> Eine 1 M Lösung von NaCl hat eine Konzentration von 58,44 g l^{-1}.

23.5   Lösungen mit einer bestimmten Molarität

Wenn wir die Molmasse einer Substanz kennen, können wir berechnen, welche Masse von ihr nötig ist, um ein bestimmtes Volumen V einer Lösung mit einer bestimmten Molarität n/V zu ergeben:

$$m = m_{Mol} \times \frac{n}{V} \times V$$

> **Beispiel**
>
> Welche Masse an NaCl ist nötig, um 500 ml (also einen halben Liter) einer 3 M Lösung herzustellen?
>
> $$m_{NaCl} = (58{,}44 \text{ g mol}^{-1}) \times (3 \text{ mol l}^{-1}) \times (0{,}5 \text{ l}) = 87{,}66 \text{ g}$$

23.6 Verdünnen von Lösungen

Viele Substanzen sind in den Labors als so genannte Stammlösungen mit genau bekannten Konzentrationen (beispielsweise 1 M oder 2 M) vorrätig. Will man daraus durch Verdünnen geringer konzentrierte Lösungen herstellen, muss man zuvor die benötigten Mengen an Stammlösung und an Wasser berechnen. Dabei gilt folgende Beziehung:

$$\frac{\text{gewünschte Molarität}}{\text{Molarität der Stammlösung}} = \frac{\text{benötigtes Vol. der Stammlösung}}{\text{Vol. der gewünschten Lösung}}$$

bzw.

$$\frac{(n/V)}{(n/V)_{St}} = \frac{V_{St}}{V}$$

> **Beispiel**
>
> Mit einer 2 M Stammlösung von Kupfersulfat ($CuSO_4$) sollen 200 ml einer 0,4 M $CuSO_4$-Lösung hergestellt werden.
>
> Wir setzen die Werte in die vorige Gleichung ein:
>
> $$\frac{0{,}4 \text{ M}}{2 \text{ M}} = \frac{V_{St}}{200 \text{ ml}}$$
>
> Das ergibt
>
> $$V_{St} = \frac{(0{,}4 \text{ mol l}^{-1}) \times (200 \text{ ml})}{2 \text{ mol l}^{-1}} = \frac{80 \text{ ml}}{2} = 40 \text{ ml}$$

Die obige Gleichung kann auch in folgender Form angewandt werden:

$$C_1 V_1 = C_2 V_2$$

Darin sind C_1 und C_2 die Konzentrationen sowie V_1 und V_2 die Volumina, wobei der Index 1 die Stammlösung und der Index 2 die gewünschte Lösung bezeichnet.

> **Beispiel**
>
> Wir wollen berechnen, welches Volumen einer 10-prozentigen Glucoselösung nötig ist, um 50 ml einer 2-prozentigen Glucoselösung herzustellen.
>
> $$(10\ \%) \times V_1 = (2\ \%) \times (50 \text{ ml})$$
>
> $$V_1 = \frac{(2\ \%) \times (50 \text{ ml})}{5\ \%} = 10 \text{ ml}$$

Es müssen also 10 ml der 10-prozentigen Glucoselösung mit Wasser auf 50 ml aufgefüllt werden.

23.7 Konzentrationsangaben in Prozent

Konzentrationen werden häufig in Prozent angegeben. Bei **Gewichtsprozent** (Gew.-%; eigentlich müsste man genauer „Massenprozent" sagen) wird der Massenanteil der Komponente angegeben, bei **Volumenprozent** (Vol.-%) dagegen der Volumenanteil.

Außerdem wird, beispielsweise in der Chemie, sehr häufig die **Massenkonzentration** angegeben, also die Masse pro Volumen, beispielsweise in Gramm pro 100 Milliliter.

> **Beispiel**
>
> Wir wollen berechnen, welche Masse an NaCl in 100 ml einer 2 M NaCl-Lösung vorliegt. Dazu müssen wir die Molmasse ermitteln oder nachschlagen; sie beträgt $58{,}44$ g mol^{-1}.
>
> Die Angabe 2 M besagt, dass in einem Volumen von einem Liter zwei Mol NaCl vorliegen. Damit erhalten wir für die Masse in einem Liter:
>
> $$(1\ \text{l}) \times (2\ \text{mol l}^{-1}) \times (58{,}44\ \text{g mol}^{-1}) = 116{,}88\ \text{g}$$
>
> In 100 ml befindet sich ein Zehntel dieser Masse an NaCl, also $11{,}7$ g.
>
> Beachten Sie, dass wir das Ergebnis mit drei gültigen Stellen angeben müssen, weil das Volumen auch nicht genauer angegeben war.

Umgekehrt können wir auch die Massenkonzentration in die Molarität umrechnen.

> **Beispiel**
>
> Wir wollen berechnen, wie hoch die Molarität einer Lösung von 5 g NaCl in 100 ml Wasser ist.
>
> Wir ermitteln zunächst die Massenkonzentration in Gramm pro Liter:
>
> $$\frac{5\,\text{g}}{100\,\text{ml}} = 50\,\text{g l}^{-1}$$
>
> Nun müssen wir nur noch berechnen, wieviele Mol diesen 50 g entsprechen:
>
> $$n = \frac{m}{m_{\text{Mol}}} = \frac{50\,\text{g}}{58{,}44\,\text{g mol}^{-1}} = 0{,}86\,\text{mol}$$
>
> Die Lösung ist also 0,86-molar, da 50 g in 1 l enthalten sind.

23.8 Normalität

Eine **1-normale** Lösung einer Säure ist eine Lösung, in der 1 mol l^{-1} Wasserstoffionen (H^+) vorliegen. Entsprechend weist eine 1-normale Basenlösung ein Mol Hydroxidionen (OH^-) pro Liter auf.

Die Normalität N und die Molarität M einer Lösung hängen miteinander zusammen über

$$N = n_H M$$

Darin ist n_H die Anzahl der pro Molekül freigesetzten Ionen (H^+ oder OH^- oder andere).

Beispiel

Das Schwefelsäuremolekül H_2SO_4 hat zwei substituierbare H^+-Ionen.

Die Normalität einer 3 M Schwefelsäurelösung ist daher

$$n_H M = 2 \times 3 = 6 \text{ N}.$$

Testen Sie Ihr Wissen

Die Lösungen finden Sie auf Seite 183.

Aufgabe 23.1
Die Molmasse von Glucose beträgt 180,18 g mol^{-1}.
Wie viele Mol sind in 450,45 g Glucose enthalten?

Aufgabe 23.2
Harnsäure hat die Summenformel $C_5H_4N_4O_3$.
Die Molmassen der Elemente sind folgende:
Kohlenstoff (C)   12,01 g mol^{-1}
Wasserstoff (H)   1,01 g mol^{-1}
Stickstoff (N)   14,01 g mol^{-1}
Sauerstoff (O)   16,00 g mol^{-1}
Wie groß ist die Molmasse der Harnsäure?

Aufgabe 23.3
Die Molmasse von Glucose beträgt 180,18 g mol^{-1}.
Welche Masse an Glucose enthalten 200 ml einer 0,5 M Lösung?

Aufgabe 23.4
Welches Volumen einer 0,25 M Lösung kann mit 500 ml einer 1 M NaCl-Stammlösung hergestellt werden?

Aufgabe 23.5
Die Molmasse von Glucose beträgt 180,18 g mol^{-1}.
Welche Molarität hat eine Lösung von 5 g Glucose in 100 ml?

24 Der pH-Wert

Ein Maß für die Wasserstoffionen-Konzentration, also für die Acidität (den Säuregrad) einer Lösung ist der pH-Wert.

24.1 pH-Wert und H$^+$-Konzentration

Im Wasser dissoziieren (zerfallen) ständig Wassermoleküle zu Hydroxidionen (OH$^-$) und Wasserstoffionen (H$^+$). Gleichzeitig rekombinieren (vereinigen sich wieder) ebenso viele Ionen zu H$_2$O-Molekülen.

Das ist durch folgende Gleichung darzustellen:

$$H_2O \rightleftharpoons H^+ + OH^-$$

Allerdings liegen die H$^+$-Ionen nicht einzeln vor, sondern nur gemeinsam mit je einem H$_2$O-Molekül als Hydroniumionen (H$_3$O$^+$):

$$H_2O + H_2O \rightleftharpoons H_3O^+ + OH^-$$

Häufig formuliert man die Gleichungen aber in der einfacheren Form mit H$^+$- anstatt H$_3$O$^+$-Ionen.

Der **pH-Wert** ist, wie schon gesagt, ein Maß für die Wasserstoffionen-Konzentration. Er ist definiert als negativer Zehnerlogarithmus der Konzentration an H$^+$-Ionen in der betreffenden Lösung. (Streng genommen ist er der negative Logarithmus nicht der Konzentration, sondern der „Aktivität", weil diese eine reine, einheitenlose Zahl ist, die auch logarithmiert werden kann. Darüber wollen wir hier aber der Einfachheit halber hinwegsehen.) Für den pH-Wert gilt also

$$pH = -\log [H^+]$$

Darin sind, wie auch im Folgenden, die eckigen Klammern das Symbol für die Konzentration, in diesem Fall der H$^+$-Ionen. Sie ist als Molarität, also in mol l^{-1}, einzusetzen.

> **Beispiel**
>
> In reinem Wasser beträgt die Konzentration der H$^+$-Ionen 10^{-7} mol l^{-1}. Also ist der pH-Wert
>
> $$pH = -\log [H^+] = -\log 10^{-7} = -(-7) = 7$$

24.2 Das Ionenprodukt

In Wasser und in wässrigen Lösungen ist das Produkt der Konzentrationen von Wasserstoff- und Hydroxidionen bei gleichbleibender Temperatur stets konstant:

$$[H^+][OH^-] = 10^{-14}$$

Diese Größe heißt **Ionenprodukt des Wassers** und wird mit K_w bezeichnet. Es ist beispielsweise dann nützlich, wenn man den pH-Wert alkalischer (basischer) Lösungen berechnen will.

> **Beispiel**
>
> Natriumhydroxid, NaOH, ist eine sehr starke Base, d. h. sie ist in Wasser praktisch vollständig zu Na^+- und OH^--Ionen dissoziiert.
>
> In einer 1 M NaOH-Lösung ist daher die Konzentration von OH^- ebenfalls gleich 1 M, sodass wir $[OH^-] = 1$ setzen können.
>
> Einsetzen in die Gleichung $[H^+][OH^-] = 10^{-14}$ für das Ionenprodukt ergibt
>
> $$[H^+][OH^-] = [H^+] \times 1 = 10^{-14}$$
>
> und daher
>
> $$[H^+] = 10^{-14}$$
>
> Der pH-Wert einer 1 M NaOH-Lösung ist also
>
> $$pH = -\log[H^+] = -\log 10^{-14} = 14$$

24.3 Säuren und Basen

Säuren und Basen kann man auf unterschiedliche Arten definieren. Für unsere Zwecke ist diejenige am nützlichsten, nach der Säuren Substanzen sind, die bei der Dissoziation Wasserstoffionen abgeben. Für eine Säure HA können wir daher schreiben

$$HA \rightleftharpoons H^+ + A^-$$

Darin ist A^- die zur Säure HA korrespondierende (oder konjugate) Base.

Die Gleichgewichtskonstante für diese Reaktion, d. h. die Säuredissoziations-konstante, wird mit K_a bezeichnet und ist gegeben durch

$$K_a = \frac{[H^+][A^-]}{[HA]}$$

(Der Index a geht auf das englische Wort *acid* für Säure zurück.)

Starke Säuren haben eine hohe Konstante K_a, denn wenn sich bei ihrer Dissoziation das Gleichgewicht eingestellt hat, sind sie praktisch vollständig dissoziiert. Dagegen ist bei schwächeren Säuren der Anteil dissoziierter Moleküle geringer, und ihre Säurekonstante K_a hat einen kleineren Wert.

Der pK_a-Wert einer Säure ist definiert als der negative Zehnerlogarithmus von K_a:

$$pK_a = -\log K_a$$

Für Essigsäure ist $K_a = 1{,}78 \times 10^{-5}$.

Also ist

$$pK_a = -\log K_a = -\log(1{,}78 \times 10^{-5}) = 4{,}75$$

Das Dissoziationsgleichgewicht bei einer Base B^-, die H^+-Ionen aufnimmt, lautet:

$$B^- + H^+ \rightleftharpoons BH$$

Darin ist BH die zur Base B^- korrespondierende (konjugate) Säure.

Die zugehörige Gleichgewichtskonstante K_a ist gegeben durch

$$K_a = \frac{[H^+]\,[B^-]}{[BH]}$$

Auch hierfür gilt die Definition $pK_a = -\log K_a$.

Testen Sie Ihr Wissen

Die Lösungen finden Sie auf Seite 183.

Aufgabe 24.1
Salzsäure, HCl, dissoziiert in Wasser praktisch vollständig zu H^+- und Cl-Ionen. Wie hoch ist der pH-Wert einer 0,1 M HCl-Lösung?

Aufgabe 24.2
Wie hoch ist der pH-Wert einer 0,1 M NaOH- Lösung?

Aufgabe 24.3
Für Ammoniak, NH_3, ist $pK_a = 9{,}25$. Welchen Wert hat K_a? Für diese Berechnung benötigen Sie einen Taschenrechner.

25 Puffer

Ein **Puffer** oder pH-Wert-Puffer ist eine (meist wässrige) Lösung, deren pH-Wert sich auch dann nicht merklich ändert, wenn eine Säure oder eine Base zugegeben wird.

25.1 Herstellen eines Puffers

Man kann eine Pufferlösung auf zweierlei Weise herstellen.

Bei der einen Methode wird eine schwache Säure (oder Base) mit einer starken Base (oder Säure) partiell, d. h. teilweise, neutralisiert. Dabei spricht man auch von einer **Titration**.

Bei der anderen Methode wird eine schwache Säure (oder Base) mit ihrer korrespondierenden Säure (oder Base) gemischt.

25.2 Berechnung des pH-Werts einer Pufferlösung

Die **Henderson-Hasselbalch-Gleichung** verknüpft den pH-Wert einer Pufferlösung mit ihrer Zusammensetzung:

$$pH = pK_a + \log \frac{[A^-]}{[HA]}$$

Darin ist [HA] die Konzentration der Säure und [A$^-$] die Konzentration der korrespondierenden Base.

Mit der Henderson-Hasselbalch-Gleichung können wir den pH-Wert einer Pufferlösung berechnen.

> **Beispiel**
>
> Wir wollen durch Mischen der Säure Tris-Hydrochlorid (Tris-HCl) mit der korrespondierenden Tris-Base einen Puffer herstellen.
>
> Für Tris-HCl ist $pK_a = 8{,}3$.
>
> Wenn wir 250 ml einer 1 M Tris-HCl-Lösung mit 750 ml einer 1 M Lösung der Tris-Base mischen, betragen die resultierenden Molaritäten an Säure und Base 0,25 M bzw. 0,75 M.
>
> $$pH = pK_a + \log \frac{[A^-]}{[HA]} = 8{,}3 + \log \frac{0{,}75}{0{,}25} = 8{,}3 + 0{,}477 = 8{,}777$$
>
> Auf zwei gültige Stellen gerundet, ist der pH-Wert des resultierenden Puffers also gleich 8,8.

25.3 Die Titration für einen bestimmten pH-Wert

Mit der Henderson-Hasselbalch-Gleichung können wir aber auch berechnen, in welchem Ausmaß titriert werden muss, um einen bestimmten pH-Wert zu erzielen.

Beispiel

Essigsäure ist mit $pK_a = 4,75$ eine recht schwache Säure. Ihre korrespondierende Base ist das Acetat-Ion. Durch Mischen einer Essigsäure- und einer Acetatlösung ergibt sich der so genannte Acetatpuffer.

Wir wollen einen Acetatpuffer mit pH = 5,0 herstellen.

Das dazu nötige Verhältnis der Konzentrationen von Säure und korrespondierender Base erhalten wir aus der Henderson-Hasselbalch-Gleichung. Weil pH = 5,0 sein soll, gilt:

$$5,0 = 4,75 + \log \frac{[A^-]}{[HA]}$$

und daher

$$\log \frac{[A^-]}{[HA]} = 5,0 - 4,75 = 0,25$$

$$\frac{[A^-]}{[HA]} = 1,778$$

Auf zwei gültige Stellen gerundet, müssen wir Acetat und Essigsäure also im Verhältnis 1,8:1 mischen.

Beachten Sie, dass die Henderson-Hasselbalch-Gleichung nur das Verhältnis der Konzentrationen von Essigsäure und Acetat angibt, nicht aber deren konkrete Werte.

In diesem Beispiel können wir das nötige Konzentrationsverhältnis 1,8:1 von Base und Säure realisieren, indem wir 1,8 Liter einer 1 M Natriumacetatlösung mit 1 Liter einer 1 M Essigsäurelösung mischen.

Testen Sie Ihr Wissen

Zum Lösen dieser Aufgaben benötigen Sie einen Taschenrechner.
Die Lösungen finden Sie auf Seite 183.

Aufgabe 25.1
Für Tris-HCl ist $pK_a = 8,3$. Angenommen, wir mischen 300 ml einer 1 M Tris-HCl-Lösung mit 200 ml einer 1 M Lösung der Tris-Base. Wie hoch wird der pH-Wert sein?

Aufgabe 25.2
Für Diethylmalonsäure ist $pK_a = 7,2$. Angenommen, wir verfügen über eine jeweils 1 M Lösung von Diethylmalonsäure und ihrer korrespondierenden Base. Welche Volumina der beiden Lösungen müssen wir mischen, um 1 Liter einer Pufferlösung mit pH = 7,4 zu erhalten?

26 Kinetik

Die **Kinetik** ist das Teilgebiet der Chemie, in dem die Geschwindigkeit der Reaktionen untersucht wird. In den Biowissenschaften und der Medizin ist dabei vor allem die **Enzymkinetik** wichtig, denn sehr viele Reaktionen in Organismen laufen unter Einwirkung von Enzymen ab.

Enzyme sind **biologische Katalysatoren**; sie beeinflussen auch viele Reaktionen, die für die Homöostase verantwortlich sind, also für das Aufrechterhalten konstanter Bedingungen im Organismus. Die meisten biologischen Reaktionen hängen also von der Enzymaktivität ab.

26.1 Geschwindigkeiten chemischer Reaktionen

Die Geschwindigkeit einer chemischen Reaktion ist definiert durch die Anzahl der Moleküle der **Reaktanten** (der reagierenden Substanzen), die pro Zeiteinheit zu den Molekülen der **Produkte** umgesetzt werden. Die Reaktionsgeschwindigkeit hängt ab von

- den Konzentrationen der beteiligten Substanzen,
- der **Geschwindigkeitskonstante** der betreffenden Reaktion.

Eine einfache Reaktion ist die, bei der eine Substanz A (der **Reaktant**) zu einer Substanz B (dem **Produkt**) umgesetzt wird. Die Reaktionsgleichung dafür lautet

$$A \longrightarrow B$$

Die Geschwindigkeit dieser so genannten Hinreaktion ist gleich dem Produkt der molaren Konzentration von A (symbolisiert durch [A]) und der **Geschwindigkeitskonstante** k_{+1} **der Hinreaktion.**

Zu irgendeinem Zeitpunkt kann pro Zeiteinheit auch eine bestimmte Anzahl von Molekülen des Produkts B in die Substanz A zurück umgesetzt werden. Diese Rückreaktion hat die Gleichung

$$A \longleftarrow B$$

Die Geschwindigkeitskonstante dieser Rückreaktion ist gleich dem Produkt von [B] und der **Geschwindigkeitskonstante** k_{-1} **der Rückreaktion.**

Wenn die Geschwindigkeiten von Hin- und Rückreaktion gleich sind, befindet sich die Reaktion im **Gleichgewicht**. Das dabei vorliegende Verhältnis der Konzentrationen von A und B wird durch die **Gleichgewichtskonstante** K_{GL} der Reaktion beschrieben. Sie ist auch gleich dem Verhältnis der beiden Geschwindigkeitskonstanten:

$$K_{GL} = \frac{[B]}{[A]} = \frac{k_{+1}}{k_{-1}}$$

Die Geschwindigkeit einer chemischen Reaktion ist umso höher, je höher die Konzentration des Reaktanten ist. In vielen Fällen besteht eine Proportionalität zwischen Reaktionsgeschwindigkeit und Konzentration:

$$v_{Reaktion} \propto [A]$$

Das Zeichen $\propto$ bedeutet „direkt proportional zu" (siehe Abschnitt 7.4).

Viele Reaktionen laufen allerdings extrem schnell ab, sodass ihre Geschwindigkeit nur schwierig oder gar nicht gemessen werden kann.

26.2 Enzymkinetik

Bei durch Enzyme katalysierten Reaktionen werden die Reaktanten als **Substrate** bezeichnet. Die Konzentrationen von Substrat und Produkt sind gewöhnlich mehrere tausend Mal höher als die des Enzyms. Das bedeutet, jedes Enzymmolekül katalysiert die Umsetzung vieler Substratmoleküle.

Damit eine enzymkatalysierte Reaktion eintreten kann, muss sich das Substrat an eine bestimmte Stelle des Enzymmoleküls binden, die man **aktives Zentrum** nennt. Dabei entsteht ein Übergangszustand, der so genannte **Enzym-Substrat-Komplex** oder **ES-Komplex.** Wenn der ES-Komplex **dissoziiert** (sich spaltet), werden die Reaktionsprodukte freigesetzt, und das Enzymmolekül ist frei für das nächste Substratmolekül. Wir bezeichnen das Enzym mit E, das Substrat mit S und das Produkt mit P; dann können wir den gesamten Vorgang so formulieren:

$$E + S \longrightarrow ES \longrightarrow E + P$$

Wenn wir berücksichtigen, dass sich der ES-Komplex wieder spalten kann, lautet die Reaktionsgleichung:

$$E + S \rightleftharpoons ES \longrightarrow E + P$$

Die Konstanten für diese drei Reaktionen sind k_1, k_{-1} und k_2.

$$E + S \underset{k_{-1}}{\overset{k_1}{\rightleftharpoons}} ES \overset{k_2}{\longrightarrow} E + P$$

Die **Michaelis-Konstante** K_M ist definiert durch

$$K_M = \frac{k_{-1} + k_2}{k_1}$$

Ein Enzym mit einem hohen Wert von K_M bindet sich nur sehr schwach an sein Substrat. Man spricht dann von einer geringen **Affinität** (d. h. Tendenz oder Neigung) des Enzyms zu seinem Substrat.

Umgekehrt hat ein Enzym mit einem niedrigen Wert von K_M eine hohe Affinität zu seinem Substrat.

26.3   Die Michaelis-Menten-Gleichung

Wir haben schon gesehen, dass eine *nicht*-enzymatische Reaktion in der Regel eine umso höhere Geschwindigkeit hat, je höher die Konzentration des Reaktanten ist, und extrem schnell ablaufen kann.

Wenn aber das aktive Zentrum eines Enzyms sozusagen schon so schnell arbeitet, wie es nur kann, dann steigt die Reaktionsgeschwindigkeit v nicht mehr an, wenn die Substratkonzentration [S] weiter zunimmt. Daher haben enzymkatalysierte Reaktionen eine maximale Reaktionsgeschwindigkeit v_{max}.

Die Reaktionsgeschwindigkeit v, die Substratkonzentration [S] und die maximale Reaktionsgeschwindigkeit v_{max} hängen gemäß der **Michaelis-Menten-Gleichung** folgendermaßen miteinander zusammen:

$$v = \frac{v_{max}\,[S]}{K_M + [S]}$$

Darin ist K_M die Michaelis-Konstante.

Wenn die Reaktionsgeschwindigkeit halb so groß wie v_{max} ist, lautet die Gleichung:

$$\frac{v_{max}}{2} = \frac{v_{max}\,[S]}{K_M + [S]}$$

Das können wir nach K_M auflösen:

$$K_M = [S]\left\{ \frac{2\,v_{max}}{v_{max}} - 1 \right\} = [S]\{2 - 1\} = [S]$$

Das bedeutet: Die Michaelis-Konstante K_M eines Enzyms gibt die Substratkonzentration an, bei der die Reaktion mit der *Hälfte* ihrer Maximalgeschwindigkeit v_{max} abläuft.

In der Abbildung ist die Substratkonzentration [S] gegen die Reaktionsgeschwindigkeit v gemäß der Michaelis-Menten-Gleichung aufgetragen.

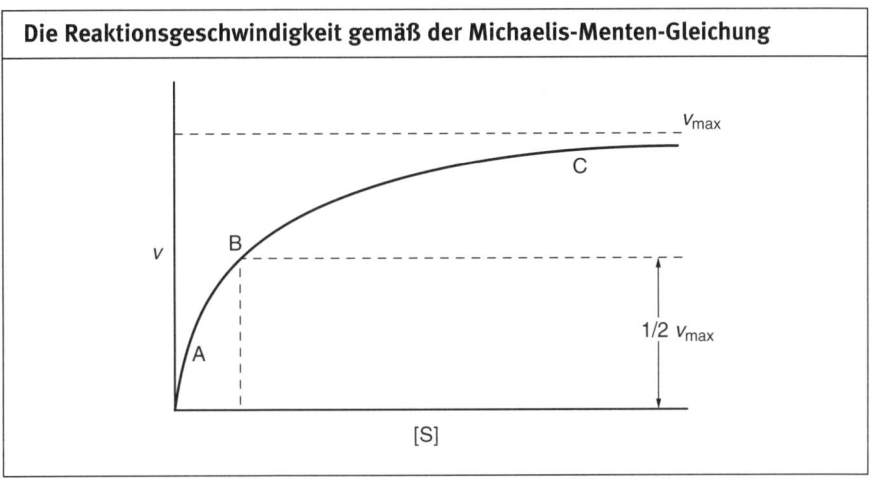

Die Reaktionsgeschwindigkeit gemäß der Michaelis-Menten-Gleichung

Im Bereich A, bei geringer Substratkonzentration, wird die Geschwindigkeit, mit der die Reaktion ablaufen kann, durch die Verfügbarkeit an Substrat bestimmt. Daher ist die Reaktionsgeschwindigkeit ungefähr proportional zur Substratkonzentration. Wird mehr Substrat zugefügt, steigt die Reaktionsgeschwindigkeit steil an.

Am Punkt B, also bei $v_{max}/2$, ist, wie schon gesagt, $[S] = K_M$. Dabei sind Substratmoleküle an 50 % der aktiven Zentren der Enzymmoleküle zu ES-Komplexen gebunden.

Im Bereich C, bei hoher Substratkonzentration $[S]$, sind fast alle Enzymmoleküle an ein Substratmolekül gebunden. Daher ist die Reaktionsgeschwindigkeit nahezu die größtmögliche, und ein weiteres Erhöhen der Substratkonzentration wirkt sich immer weniger aus. Diese Abhängigkeit der Reaktionsgeschwindigkeit von $[S]$ zeigt sich an der Kurve dadurch, dass sie die Asymptote v_{max} hat.

Weil sich die Reaktionsgeschwindigkeit beim weiteren Steigern der Substratkonzentration nur noch allmählich dem Wert v_{max} nähert, ist dieser mit der eben gezeigten Auftragung nur schwer zu ermitteln. Einen Ausweg bietet die Lineweaver-Burk-Auftragung.

26.4 Die Lineweaver-Burk-Auftragung

Wenn in der obigen Michaelis-Menten-Gleichung auf jeder Seite der Kehrwert gebildet wird, ergibt sich:

$$\frac{1}{v} = \frac{1}{v_{max}} + \left(\frac{K_M}{v_{max}} \times \frac{1}{[S]} \right)$$

Bei der so genannten **Lineweaver-Burk-Auftragung** wird die reziproke Geschwindigkeit $1/v$ gegen die reziproke Substratkonzentration $1/[S]$ aufgetragen.

Das liefert, wie in der Abbildung zu erkennen ist, eine Gerade mit dem Gradienten K_M/v_{max}.

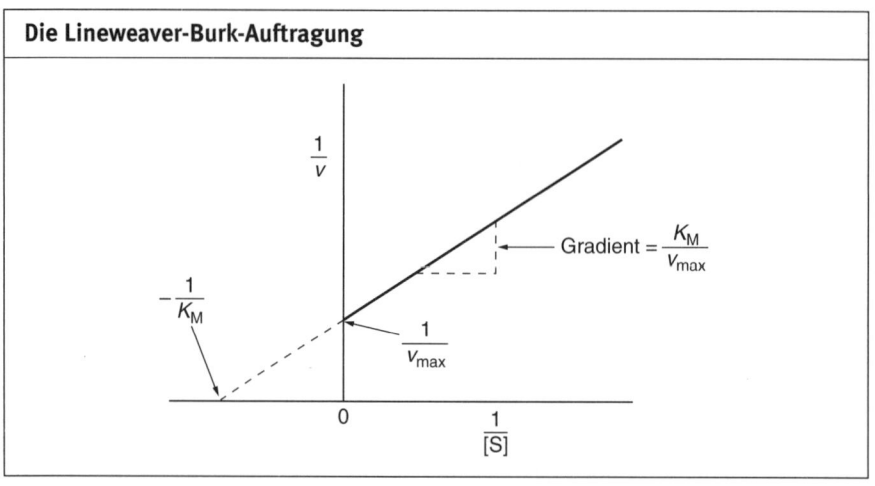

Die Lineweaver-Burk-Auftragung

Aber auch die Werte von v_{max} und K_M selbst können anhand der Auftragung leicht ermittelt werden: Die Gerade hat die Achsenabschnitte $1/v_{max}$ auf der y-Achse und (in der Verlängerung) $-1/K_M$ auf der x-Achse.

Die Sprache der Statistik

In diesem Kapitel werden einige Begriffe erläutert, die Biologen und Mediziner kennen müssen, wenn sie statistische Daten analysieren wollen.

27.1 Populationen und Stichproben

In der Statistik versteht man unter einer **Population** (wörtlich: „Bevölkerung") die Gesamtheit aller jeweils betrachteten einzelnen Gegenstände oder Merkmale.

Ein Auswahl aus einer Population heißt **Stichprobe**.

> **Beispiel**
>
> Eine Biologin möchte die Ausbeute der Saubohne, *Vicia faba*, in zwei Feldern vergleichen, von denen eines mit Kunstdünger und das andere organisch gedüngt wurde.
>
> Die beiden zu untersuchenden Populationen sind jeweils sämtliche Saubohnen auf dem betreffenden Feld.
>
> Jedoch möchte die Biologin nicht sämtliche Saubohnen auf beiden Feldern untersuchen, sondern jeweils nur eine Stichprobe auf einer Fläche von 50 m^2.

Die einzelnen Gegenstände oder Merkmale in einer Stichprobe nennt man **Stichprobenelemente, Objekte** oder **Fälle**. Die anhand der Stichproben ermittelten **Daten** bezeichnet man auch als **Beobachtungen**.

Die Merkmale von Stichprobenelementen in einer Population sowie die Differenzen zwischen ihnen heißen **Variablen** oder zuweilen auch **Felder**.

> **Beispiel**
>
> Die Variablen, die die Biologin untersucht, sind die Anzahlen der Bohnen pro Hülse und die mittlere Masse jeder Stichprobeneinheit, also der einzelnen Bohnen.
>
> Die Daten sind die in Listen zu erfassenden Messwerte.

27.2 Verfälschungen

Es muss immer darauf geachtet werden, dass die Stichprobe für die jeweilige Population repräsentativ ist. Eine Stichprobe, die die **Mutterpopulation** nicht korrekt abbildet, ist **verfälscht**.

Ein Beispiel dafür ist eine **Verfälschung durch den Beobachter**, die dieser bewusst oder unbewusst einbringt.

Um eine Verfälschung zu vermeiden, muss die Stichprobe durch eine **Zufalls-auswahl** aus der Population entstehen.

Zufallsauswahlen kann man beispielsweise mithilfe von **Zufallszahlen** erzeugen, die ihrerseits in Tabellen nachgeschlagen oder mithilfe spezieller Computer-programme erstellt werden können.

Ein **Quadrat** ist eine Fläche, die als Stichprobeneinheit dient.

> **Beispiel**
>
> Bei dem Beispiel mit den Bohnen ist natürlich nicht genug Zeit, sämtliche Bohnen in beiden Feldern zu zählen und zu wiegen. Daher muss die Biologin auf Stichproben zurückgreifen.
>
> Nach ihrer Theorie verringert die organische Düngung die Anzahlen der Bohnen pro Hülse und auch ihre Masse. Daher weiß sie, dass sie von diesem Feld unbeabsichtigt oder unbewusst kleinere Schoten auswählen könnte, was eine „Verfälschung durch den Beobachter" bedeutete.
>
> Sie weiß außerdem, dass die Anzahlen und die Massen der Bohnen in verschiedenen Teilen des gleichen Feldes variieren können, muss also auch diese Stichprobenverfälschung vermeiden.
>
> Daher wählt sie mithilfe von Zufallszahlen aus jedem der beiden Felder fünf Feldstücke mit je 10 m^2 Fläche aus.

27.3 Variablen

Kontinuierliche Variablen sind solche, die im betreffenden Bereich beliebige Zwischenwerte annehmen können.

Es gibt zwei Arten kontinuierlicher Variablen: Verhältnis- und Intervallvariablen.

Eine **Verhältnisvariable** kann innerhalb des gegebenen Bereichs irgendeinen Wert annehmen, muss also keine ganze Zahl sein; allerdings muss eine Null eine echte Null sein.

> **Beispiel**
>
> Die gemessene Länge einer Bohnenhülse ist eine Verhältnisvariable.

Eine **Intervallvariable** kann innerhalb des gegebenen Bereichs irgendeinen Wert annehmen; jedoch gibt der Wert null keine absolute Null an.

> **Beispiel**
>
> Eine in Grad Celsius (°C) angegebene Temperatur ist eine Intervallvariable.
>
> Eine Temperatur von 0 °C stellt keinen absoluten Nullwert dar, denn der tatsächliche Nullpunkt der Temperatur liegt bei −273,15 °C (bzw. 0 K).
>
> Die Temperatur 10 °C ist daher nicht doppelt so hoch wie die Temperatur 5 °C.

Kategorische Variablen sind solche, bei denen nur bestimmte Werte vorliegen können.

Kategorische Variablen können entweder Nominal- oder Ordinalvariablen sein.

Eine **Nominalvariable** weist keine Ordnung der Kategorien auf.

> **Beispiel**
>
> Die Varietäten oder Sorten der Saubohne sind kategorische Variablen: Eine Sorte ist nicht teilbar, und es gibt offensichtlich keine Nummerierungsmethode, mit der verschiedene Sorten in eine sinnvolle Reihenfolge zu bringen wären.

Dagegen weist eine **Ordinalvariable** sehr wohl eine Ordnung der Kategorien auf.

> **Beispiel**
>
> Eine Reihe von Bohnen kann in eine **Rangfolge** gebracht werden, sodass die Stellung der einzelnen Bohne darin jeweils durch eine Ordnungszahl (1., 2., 3. usw.) anzugeben ist. Jedoch können diese Nummern, die die verschiedenen Ränge angeben, mathematisch nicht behandelt werden, denn beispielsweise ist „Rang 3" nicht das Dreifache von „Rang 1".

Eine **binäre** Variable weist nur zwei Kategorien auf, z. B. männlich und weiblich.

27.4 Beschreibende und schließende Statistik

In der **beschreibenden Statistik** (deskriptiven Statistik) werden die Daten in einer Stichprobe *beschrieben*. Beispielsweise erlauben Medianwerte, Standardabweichungen und Quartile eine Interpretation bzw. ein Verständnis der Daten. Hierauf wird in den Kapiteln 28 und 29 näher eingegangen.

Zur **schließenden Statistik** (induktiven Statistik) gehören Methoden, mit denen anhand der erfassten Stichprobendaten bestimmte Schlüsse oder Folgerungen bezüglich der Population gezogen werden. So ist beispielsweise einzuschätzen, ob die Ergebnisse auf eine tatsächliche Differenz der Populationen hindeuten oder wie gut bestimmte Aspekte einer Stichprobe die Population in ihrer Gesamtheit darstellen. Kapitel 32 gibt eine Einführung in die schließende Statistik.

> **Beispiel**
>
> Die Biologin in den vorigen Beispielen kann die mittlere Bohnenausbeute pro Quadratmeter in einer Reihe von Stichproben angeben. Dabei bedient sie sich der beschreibenden Statistik.
>
> Wenn sie dann überprüfen möchte, ob zwischen den beiden Feldern eine Differenz in der mittleren Bohnenausbeute pro Quadratmeter vorliegt, bedient sie sich der schließenden Statistik.

28 Beschreibung von Daten: Mittelwerte ermitteln

Wenn zahlreiche Daten vorliegen, ist es oft hilfreich, ihren mittleren Wert zu kennen.

Es gibt drei Arten, einen mittleren Wert anzugeben: als Mittelwert, als Medianwert und als Modalwert. Welcher Wert angebracht ist, hängt vom „Muster" ab, das die Daten aufweisen.

28.1 Der Mittelwert

Der **Mittelwert** wird auch als arithmetischer Mittelwert oder arithmetisches Mittel bezeichnet, im Alltag meist einfach als Durchschnitt.

Weil dies die häufigste Art ist, einen „Mittelpunkt" anzugeben, sollte man wissen, auf welche Art er berechnet wird.

Der Mittelwert wird oft herangezogen, wenn die Daten sich mehr oder weniger symmetrisch um eine Mitte gruppieren, insbesondere wenn sie eine Normalverteilung zeigen.

Die **Normalverteilung** (auch als Gauß'sche Verteilung bezeichnet) spielt in der Statistik eine sehr große Rolle. Die Abbildung zeigt ihren glockenförmigen Verlauf.

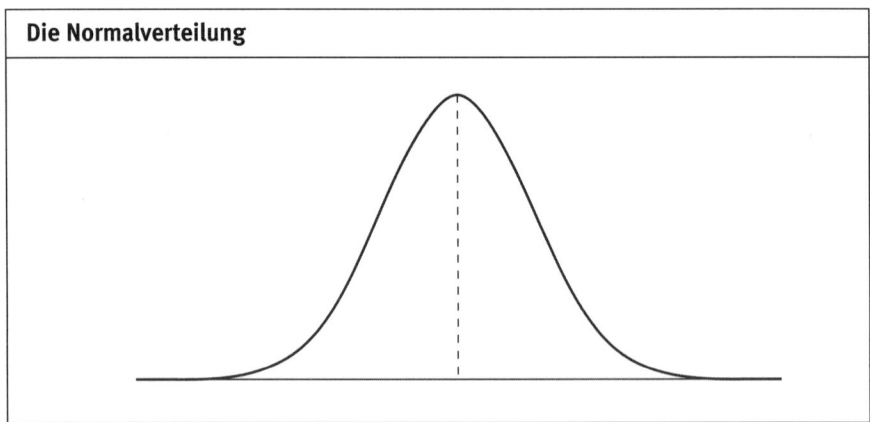

Die Normalverteilung

Die gestrichelte Linie gibt an, wo der Mittelwert der Daten liegt.

Der Mittelwert ist definiert als die Summe sämtlicher Werte, dividiert durch die Anzahl der Werte:

$$\bar{x} = \frac{\sum x}{n}$$

Darin ist $\bar{x}$ das Symbol für den Mittelwert der Größe x, zuweilen als „x-quer" gesprochen, und der griechische Großbuchstabe Σ (Sigma) ist das Symbol für die Summation sämtlicher danach aufgeführter Werte (oder Größen), und n ist die Anzahl der Werte in der Stichprobe.

> **Beispiel**
>
> In einer Schonung stehen fünf Waldkiefern, *Pinus sylvestris*, deren Höhen 3,5 m, 3,7 m, 3,8 m, 3,9 m bzw. 4,1 m betragen.
>
> Der Mittelwert ihrer Höhen ist
>
> $$\bar{x} = \frac{\sum x}{n} = \frac{(3,5 + 3,7 + 3,8 + 3,9 + 4,1)\,m}{5} = \frac{19\,m}{5} = 3,8\,m$$

28.2 Populations- oder Stichproben-Mittelwert?

Wenn Daten der gesamten Population vorliegen, bezeichnet man ihren Mittelwert mit dem griechischen Kleinbuchstaben μ (mü).

Liegen jedoch nur Daten einer Stichprobe vor, so wird – wie im vorigen Beispiel – der Mittelwert durch $\bar{x}$ symbolisiert.

> **Beispiel**
>
> Ein Biologe untersucht die Masse sämtlicher Stockenten, *Anas platyrhynchos*, in einem See. Es gelingt ihm, alle Enten einzufangen und zu wiegen. Ihre mittlere Masse ist 1,12 kg. Also ist
>
> $$\mu = 1,12\,kg$$
>
> In einem anderen See kann er aber nicht alle Enten einfangen, sondern nur einen Teil, d. h. eine Stichprobe. Die mittlere Masse dieser Enten ist 1,39 kg. Daher gilt
>
> $$\bar{x} = 1,39\,kg$$

28.3 Medianwert

Der **Medianwert** oder kurz **Median**, auch Zentralwert genannt, ist der Wert, bei dem eine Hälfte der Stichprobe oder der Population darüber und die andere Hälfte darunter liegt.

Wenn die Daten nicht gleichmäßig um ihren Mittelwert herum verteilt sind, spricht man von einer **schiefen** oder asymmetrischen Verteilung. In solchen Fällen ist der Mittelwert keine die Verteilung gut kennzeichnende Größe, und es ist eher der Medianwert zu verwenden.

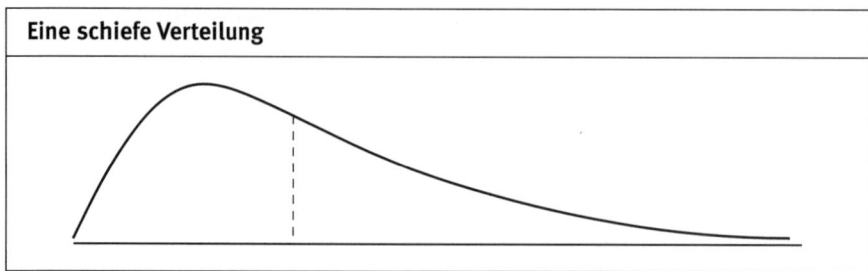

Eine schiefe Verteilung

Die gestrichelte Linie gibt hier an, wo der Medianwert liegt.

Vergleichen Sie die Kurvenform mit derjenigen der Normalverteilung in Abschnitt 28.1.

> **Beispiel**
>
> Wir betrachten dieselben fünf Waldkiefern, *Pinus sylvestris*, wie im vorigen Abschnitt. Ihre Höhen sind ja 3,5 m, 3,7 m, 3,8 m, 3,9 m bzw. 4,1 m.
>
> Kommt eine 6. Waldkiefer mit nur 2,0 m Höhe hinzu, dann beträgt die mittlere Höhe 3,5 m, obwohl nur einer der Bäume weniger als 3,5 m hoch ist. Für diese schiefe Verteilung der Stichprobe ist der *Medianwert* als kennzeichnender „Mittelpunkt" besser als geeignet als der Mittelwert.

Wenn zwei „mittelhohe" Werte vorliegen, so befindet sich nach der Konvention der Medianwert in der Mitte zwischen ihnen.

> **Beispiel**
>
> Beim ersten Beispiel mit den fünf Waldkiefern, die 3,5 m, 3,7 m, 3,8 m, 3,9 m bzw. 4,1 m hoch sind, ist die Medianhöhe gleich 3,8 m und damit gleich dem Mittelwert der Höhen. Und weil dies der Medianwert ist, ist eine Hälfte der Bäume höher und eine Hälfte niedriger.
>
> Doch im zweiten Beispiel mit sechs Waldkiefern mit den Höhen 2,0 m, 3,5 m, 3,7 m, 3,8 m, 3,9 m und 4,1 m haben die beiden „mittelhohen" Bäume die Höhen 3,7 m und 3,8 m. In der Mitte zwischen ihnen liegt der Medianwert mit 3,75 m. Diese Angabe vermittelt einen zutreffenderen Eindruck von der Mitte der schiefen Verteilung als der Mittelwert 3,5 m.

Der Medianwert kann auch mit seinen **Quartilen** (soviel wie „Vierteln") angegeben werden. 1/4 der Stichprobe liegt unterhalb des 1. Quartils oder Quartilpunkts, und unterhalb des 3. Quartilpunkts liegen 3/4 der Stichprobe. Der Interquartilbereich, also der Bereich zwischen dem 1. und dem 3. Quartilpunkt, umfasst die Hälfte der Stichprobe. Das wird in einem **„Kasten-Haar"-Diagramm** gut deutlich.

Beispiel

Ein Biologe misst die Flügelspannweiten einer Population von 50 Mausohr-Fledermäusen, *Myotis lucifugus*. Der Medianwert der Flügelspannweiten beträgt 245 mm. Das 1. Quartil ist 238 mm und das 3. Quartil 257 mm. Die kleinste Flügelspannweite beträgt 221 mm und die größte 271 mm. Diese Verteilung ist hier mithilfe eines „Kasten-Haar"-Diagramms dargestellt.

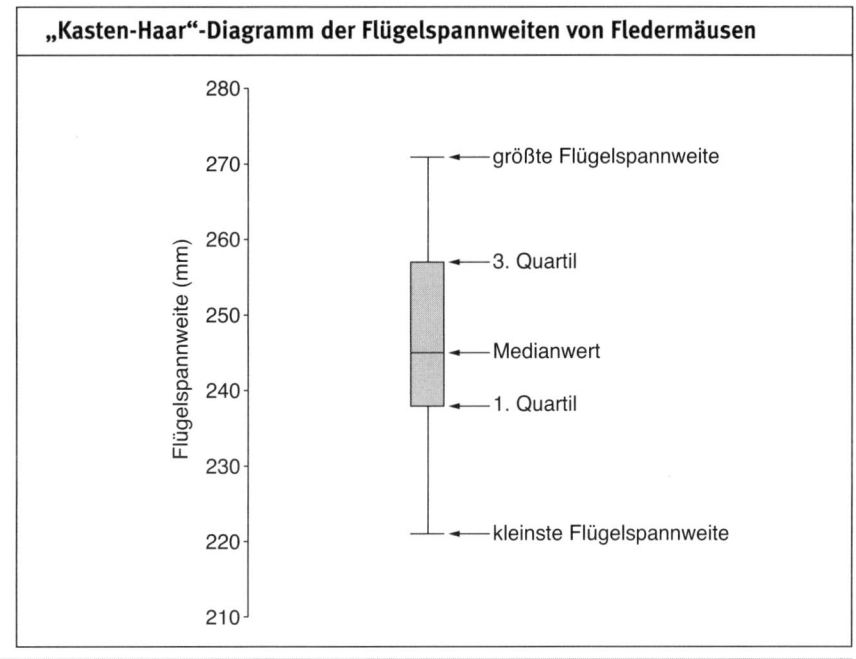

„Kasten-Haar"-Diagramm der Flügelspannweiten von Fledermäusen

Die Enden der „Haare" stellen den maximalen bzw. den minimalen Wert dar, und in den Kasten gehen keine extremen Werte ein.

28.4 Modalwert

Unter dem **Modalwert** oder **Modus** versteht man den am häufigsten auftretenden Wert.

Er wird gewöhnlich nur bei Nominalvariablen verwendet, also bei solchen, die verschiedene Kategorien oder Ausprägungen des gleichen Merkmals repräsentieren und bei denen die Kategorien nicht geordnet sind.

Beispiel

Ein Biologe zählte die Augenfarben von 100 Studenten. Die Ergebnisse sind in der Abbildung dargestellt.

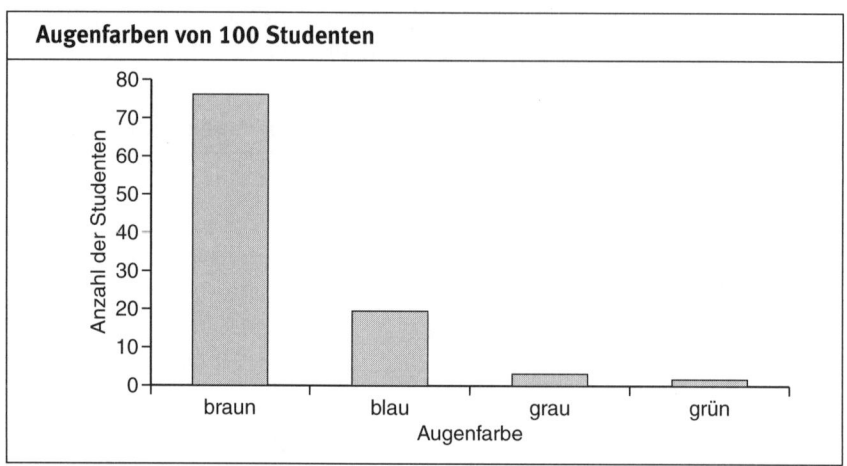

Augenfarben von 100 Studenten

Hier können wir weder einen Mittelwert noch einen Medianwert angeben, denn zwischen zwei (oder mehr) Farben gibt es ja keinen Mittelwert. Die häufigste Augenfarbe – und damit der Modalwert – ist braun.

Der Modalwert kann auch verwendet werden, wenn kein einziger mittlerer Wert vorliegt, beispielsweise bei einer **bimodalen** Verteilung, also einer Verteilung mit zwei Modalwerten.

Beispiel

Die hier gezeigte Altersverteilung von Asthma-Patienten weist zwei Spitzenwerte auf. Wegen der zwei Modalwerte gehört sie zu den bimodalen Verteilungen.

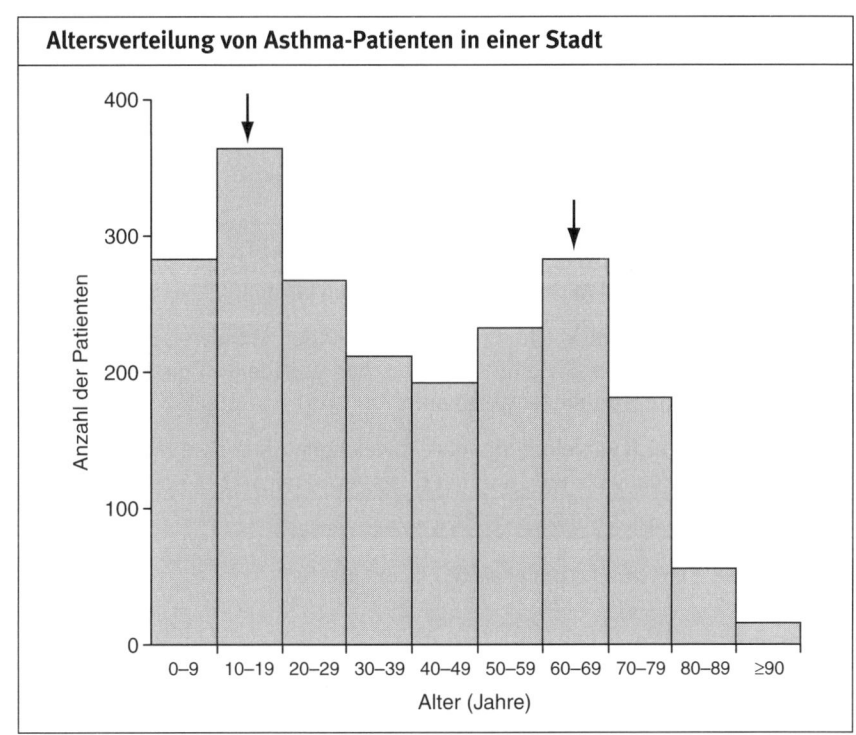

Altersverteilung von Asthma-Patienten in einer Stadt

Die Pfeile kennzeichnen die Modalwerte bei den Altersgruppen 10–19 Jahre und 60–69 Jahre.

Eine bimodale Verteilung deutet meist darauf hin, dass zwei miteinander vermischte Populationen vorliegen. Dabei sind Mittel- und Medianwert für die Beschreibung oder Interpretation nicht geeignet.

Testen Sie Ihr Wissen

Die Lösungen finden Sie auf Seite 183.

Aufgabe 28.1
Bei fünf freiwilligen weiblichen Versuchspersonen wurde der Hämoglobinspiegel des Blutes gemessen. Er beträgt 11,7 g dl^{-1}, 11,9 g dl^{-1}, 12,2 g dl^{-1}, 12,7 g dl^{-1} bzw. 13,0 g dl^{-1}. Wie hoch ist der Mittelwert?

Aufgabe 28.2
Der Hämoglobinspiegel des Blutes wurde bei acht freiwilligen weiblichen Versuchspersonen gemessen. Die Ergebnisse sind 11,1 g dl^{-1}, 11,7 g dl^{-1}, 11,9 g dl^{-1}, 12,3 g dl^{-1}, 12,7 g dl^{-1}, 13,3 g dl^{-1}, 15,2 g dl^{-1} und 17,4 g dl^{-1}. Wie hoch ist der Medianwert?

29 Die Standardabweichung

Wenn die Daten der Population oder der Stichprobe eine Normalverteilung (siehe Abschnitt 28.1) aufweisen, ist die Standardabweichung eine wichtige Größe. Sie wird mit dem griechischen Kleinbuchstaben σ (sigma) bezeichnet und ist ein Maß dafür, wie breit die Werte um ihren Mittelwert verteilt sind.

29.1 Definition

Unter einer Abweichung versteht man die Differenz zwischen dem betreffenden Wert und dem Mittelwert aus sämtlichen Werten.

Die **Standardabweichung** ist ein Maß für den Mittelwert der einzelnen Abweichungen. Sie gibt also, wie schon angedeutet, die Breite der Verteilung um den Mittelwert dieser Werte an.

Der Bereich von einer Standardabweichung unter dem Mittelwert bis zu einer Standardabweichung darüber (also der Bereich $\pm 1\,\sigma$) umfasst 68,2 % der Werte.

Der Bereich $\pm 2\,\sigma$ umfasst 95,4 % der Werte.

Der Bereich $\pm 3\,\sigma$ umfasst 99,7 % der Werte.

Beispiel

Wir nehmen an, die Gewichte einer Gruppe von Patienten weisen eine Normalverteilung auf, und der Mittelwert beträgt 80 kg. Für diese Gruppe wurde die Standardabweichung σ zu 5 kg ermittelt.

- $1\,\sigma$ unter dem Mittelwert entspricht $(80 - 5)$ kg = 75 kg.
- $1\,\sigma$ über dem Mittelwert entspricht $(80 + 5)$ kg = 85 kg.

Der Bereich $\pm 1\,\sigma$ um den Mittelwert herum umfasst, wie gesagt, 68,2 % der Patienten. Das bedeutet, dieser Anteil der Patienten wiegt zwischen 75 kg und 85 kg.

Entsprechend gilt:

95,4 % der Patienten wiegen zwischen 70 kg und 90 kg (entspr. $\pm 2\,\sigma$).

99,7 % der Patienten wiegen zwischen 65 kg und 95 kg (entspr. $\pm 3\,\sigma$).

Diese Gegebenheiten sind in der Abbildung dargestellt.

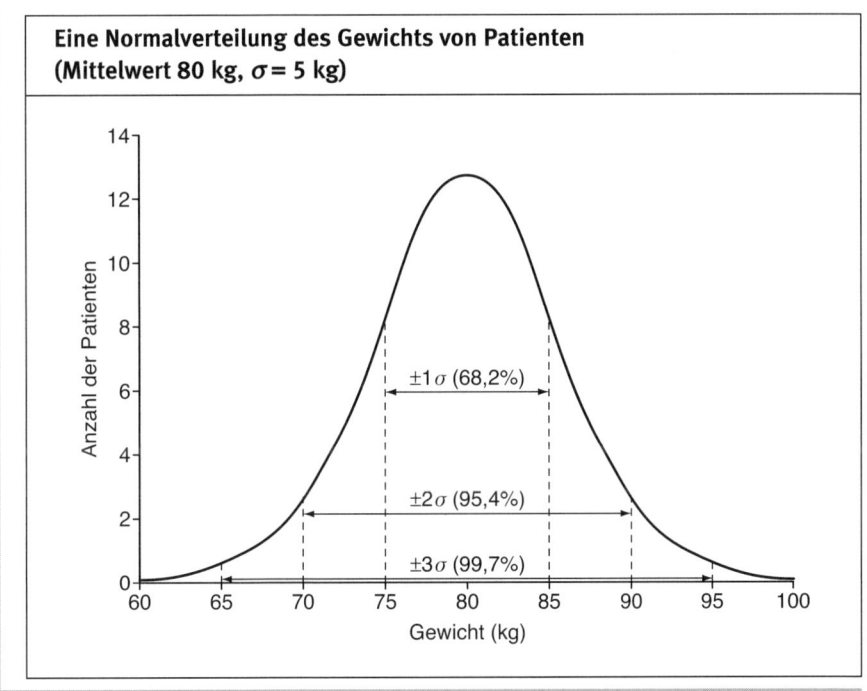

Eine Normalverteilung des Gewichts von Patienten (Mittelwert 80 kg, $\sigma = 5$ kg)

- y-Achse: Anzahl der Patienten
- x-Achse: Gewicht (kg)
- $\pm 1\sigma$ (68,2%)
- $\pm 2\sigma$ (95,4%)
- $\pm 3\sigma$ (99,7%)

29.2 Die Standardabweichung einer gesamten Population

Die Berechnung der Standardabweichung σ für eine *gesamte Population* erfordert folgende fünf Schritte:

1) Berechnung des Mittelwerts μ der Population, indem sämtliche Werte addiert werden und die Summe durch die Anzahl der Werte dividiert wird (siehe Abschnitt 28.1).

2) Für jeden einzelnen Wert x Berechnung der Differenz (der Abweichung) zwischen ihm und dem Mittelwert μ:

$$x - \mu$$

3) Quadrieren jeder Abweichung. (Die Ergebnisse sind zwangsläufig positiv.)

Bisher wurden also die einzelnen Größen

$$(x - \mu)^2$$

berechnet.

4) Bilden der **Summe der quadrierten Abweichungen**:

$$\Sigma(x - \mu)^2$$

5) Berechnung des Mittelwerts dieser Quadratsumme, indem diese Summe der quadrierten Abweichungen durch die Anzahl der erfassten Werte dividiert wird. Das Ergebnis ist die so genannte **Varianz der Population**:

$$\sigma^2 = \frac{\sum (x - \mu)^2}{N}$$

6) Ermitteln der Standardabweichung σ, die die Quadratwurzel aus der Varianz ist.

Der gesamte Rechengang lässt sich mit folgender Formel zusammenfassen:

$$\sigma = \sqrt{\frac{\sum (x - \mu)^2}{N}}$$

Beispiel

In einem See befinden sich 10 Lachse, *Salmo salar*. Sie wurden sämtlich gewogen, und die Ergebnisse waren: 1,6 kg, 1,7 kg, 1,8 kg, 1,8 kg, 2,3 kg, 2,4 kg, 2,6 kg, 2,8 kg, 3,1 kg und 3,3 kg.

(Anmerkung: In der Praxis sind die meisten Populationen weitaus größer; wir wollen uns hier aber auf 10 Exemplare beschränken, damit der Rechengang leicht zu verfolgen ist.)

1) Die Summe der Werte beträgt 23,4 kg, und der Mittelwert ist

$\mu = 2,34$ kg

2) Die Differenzen (Abweichungen) der einzelnen Werte vom Mittelwert sind folgende:

(1,6 – 2,34) kg	=	– 0,74 kg
(1,7 – 2,34) kg	=	– 0,64 kg
(1,8 – 2,34) kg	=	– 0,54 kg
(1,8 – 2,34) kg	=	– 0,54 kg
(2,3 – 2,34) kg	=	– 0,04 kg
(2,4 – 2,34) kg	=	0,06 kg
(2,6 – 2,34) kg	=	0,26 kg
(2,8 – 2,34) kg	=	0,46 kg
(3,1 – 2,34) kg	=	0,76 kg
(3,3 – 2,34) kg	=	0,96 kg

3) Das Quadrieren jeder Abweichung ergibt:

$(-0,74 \text{ kg})^2$	=	$0,5476 \text{ kg}^2$
$(-0,64 \text{ kg})^2$	=	$0,4096 \text{ kg}^2$
$(-0,54 \text{ kg})^2$	=	$0,2916 \text{ kg}^2$
$(-0,54 \text{ kg})^2$	=	$0,2916 \text{ kg}^2$
$(-0,04 \text{ kg})^2$	=	$0,0016 \text{ kg}^2$
$(0,06 \text{ kg})^2$	=	$0,0036 \text{ kg}^2$
$(0,26 \text{ kg})^2$	=	$0,0676 \text{ kg}^2$
$(0,46 \text{ kg})^2$	=	$0,2116 \text{ kg}^2$
$(0,76 \text{ kg})^2$	=	$0,5776 \text{ kg}^2$
$(0,96 \text{ kg})^2$	=	$0,9216 \text{ kg}^2$

4) Die Summe dieser Quadrate ist $3,324 \text{ kg}^2$.

5) Der Mittelwert der Quadrate ist deren Summe, dividiert durch die Anzahl, d. h. durch die Größe der Population an Lachsen. Das ergibt die Varianz:

$$\sigma^2 = \frac{\sum (x - \mu)^2}{N} = \frac{3,324 \text{ kg}^2}{10} = 0,3324 \text{ kg}^2$$

6) Die Quadratwurzel aus der Varianz ist schließlich die (hier auf drei gültige Stellen angegebene) Standardabweichung:

$$\sigma = \sqrt{0,3324 \text{ kg}^2} = 0,577 \text{ kg}$$

29.3 Berechnung von Standardabweichungsbereichen

Wenn wir die Standardabweichung σ kennen bzw. berechnet haben, können wir die oben schon genannten Bereiche berechnen, die 68,2 % (bei $\pm 1\,\sigma$), bzw. 94,5 % (bei $\pm 2\,\sigma$) bzw. 95,4 % (bei $\pm 3\,\sigma$) einer Population umfassen.

Beispiel

Bei 183 Patienten wurde im nüchternen Zustand der Triglyceridspiegel gemessen. Der Mittelwert beträgt $2,2 \text{ mmol l}^{-1}$.

Die Standardabweichung wird zu $\sigma = 0,3 \text{ mmol l}^{-1}$ berechnet.

$1\,\sigma$ unterhalb des Mittelwerts entspricht $(2,2 - 0,3) \text{ mmol l}^{-1} = 1,9 \text{ mmol l}^{-1}$.

$1\,\sigma$ oberhalb des Mittelwerts entspricht $(2,2 + 0,3) \text{ mmol l}^{-1} = 2,5 \text{ mmol l}^{-1}$.

Weil der Bereich $\pm 1\,\sigma$, wie wir wissen, 68,2 % der Werte umfasst, hat dieser Anteil der Patienten einen Triglyceridspiegel zwischen $1,9 \text{ mmol l}^{-1}$ und $2,5 \text{ mmol l}^{-1}$.

Entsprechend liegen 95,4 % der Triglyceridspiegel innerhalb von $\pm 2\,\sigma$, also zwischen $1,6 \text{ mmol l}^{-1}$ und $2,8 \text{ mmol l}^{-1}$.

Und 99,7 % der Triglyceridspiegel liegen innerhalb von ±3 σ, also zwischen 1,3 mmol l^{-1} und 3,1 mmol l^{-1}.

Diese Gegebenheiten sind in der Abbildung dargestellt.

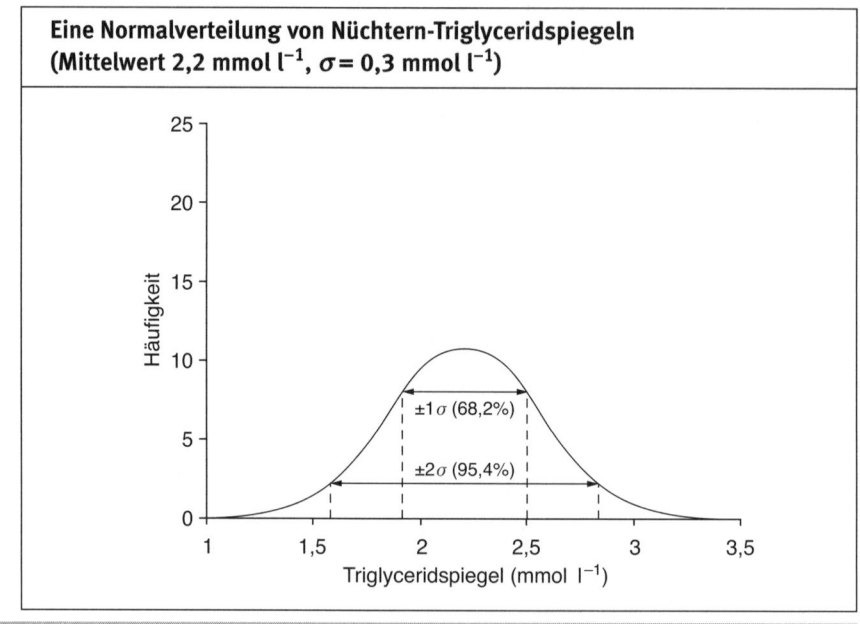

Eine Normalverteilung von Nüchtern-Triglyceridspiegeln (Mittelwert 2,2 mmol l^{-1}, σ = 0,3 mmol l^{-1})

29.4   Vergleich von Standardabweichungen

Wenn zwei Populationen vorliegen, die gleiche Mittelwerte, jedoch unterschiedliche Standardabweichungen haben, dann zeigen die Werte der Population mit größerem σ eine breitere Verteilung als die Population mit kleinerem σ.

Beispiel

Eine andere Patientengruppe als im vorigen Beispiel hat den gleichen mittleren Nüchtern-Triglyceridspiegel von 2,2 mmol l^{-1} wie diese, aber die Standardabweichung ist mit σ = 0,2 mmol l^{-1} geringer. Weil 68,2 % der Werte in Bezug auf den Mittelwert innerhalb von ±1 σ liegen, hat dieser Anteil der zweiten Patientengruppe einen Triglyceridspiegel zwischen 2,0 mmol l^{-1} und 2,4 mmol l^{-1}.

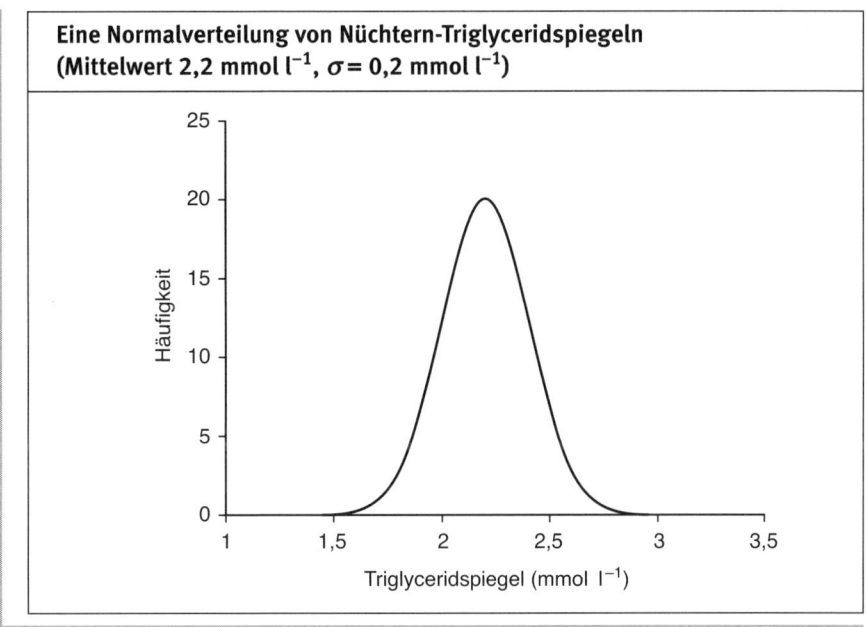

Eine Normalverteilung von Nüchtern-Triglyceridspiegeln (Mittelwert 2,2 mmol l^{-1}, $\sigma = 0,2$ mmol l^{-1})

Vergleichen Sie diese Abbildung mit der im vorigen Beispiel, die im gleichen Maßstab angelegt ist. Es ist deutlich zu erkennen, dass der hier geringere σ-Wert eine schmalere Verteilungskurve ergibt als der höhere σ-Wert.

29.5 Die Standardabweichung einer Stichprobe

Die Berechnung der Standardabweichung sieht etwas anders aus, wenn sie *für eine Stichprobe* vorzunehmen ist. Dazu wird deren Varianz σ_s^2 berechnet, indem die Summe der quadrierten Abweichungen durch eine Zahl dividiert wird, die *um 1 geringer* als die Anzahl der Stichprobenwerte ist. Dieser Wert ($n-1$) wird statt n verwendet, weil sich damit eine bessere Abschätzung für σ ergibt.

Die Größe ($n-1$) ist die Anzahl der „Freiheitsgrade"; sie wird in Kapitel 31 näher erläutert.

> **Beispiel**
>
> Wir nehmen jetzt an, dass die 10 Lachse im Beispiel von Abschnitt 29.2 nur eine *Stichprobe* einer in Wahrheit größeren Population an Lachsen im See sind. Wir vergleichen nun jeden der folgenden 6 Berechnungsschritte mit dem entsprechenden Schritt im obigen Beispiel, bei dem die 10 Lachse die Gesamtpopulation darstellten.
>
> 1) Die Summe der Werte ist auch hier 23,4 kg, und der Mittelwert ist mit 2,34 kg derselbe. Dieser ist jetzt aber nicht die Größe μ, sondern es ist $\bar{x} = 2,34$ kg, weil es sich um den Mittelwert einer Stichprobe und nicht den einer gesamten Population handelt.

2) Auch die Differenzen (Abweichungen) der einzelnen Werte vom Mittelwert bleiben unverändert.

3) Die Berechnung der Quadrate aller Abweichungen ändert sich ebenfalls nicht.

4) Daher bleibt auch die Summe dieser Quadrate mit 3,324 kg² unverändert.

5) Aber nun dividieren wir die Summe der Quadrate durch die *um 1 verminderte* Anzahl der Lachse in der Stichprobe, also nicht durch 10, sondern durch 10 − 1 = 9. Das ergibt für die Stichprobenvarianz

$$\sigma_S{}^2 = \frac{\sum (x - \bar{x})^2}{n - 1} = \frac{3,324\,\text{kg}^2}{9} = 0,3693\,\text{kg}^2$$

6) Die Quadratwurzel aus der Varianz liefert schließlich die (hier auf drei gültige Stellen angegebene) Standardabweichung der Stichprobe:

$$\sigma_S = \sqrt{0,3693\,\text{kg}^2} = 0,607\,\text{kg}$$

Testen Sie Ihr Wissen

Die Lösung finden Sie auf Seite 184.

Aufgabe 29.1
Die Hämoglobinspiegel des Blutes von fünf freiwilligen Versuchspersonen betragen 11,7 g dl⁻¹, 11,9 g dl⁻¹, 12,2 g dl⁻¹, 12,7 g dl⁻¹ bzw. 13,0 g dl⁻¹.
Wie groß ist die Standardabweichung?

Überprüfung auf eine Normalverteilung

Die Standardabweichung sollte nur verwendet werden, wenn die Werte eine Normalverteilung aufweisen. Häufig wird diese Einschränkung aber nicht beachtet.

Wenn nur der Mittelwert μ und die Standardabweichung σ gegeben sind, lässt sich dennoch leicht überprüfen, ob eine Normalverteilung vorliegen kann. Dazu wird ermittelt, ob eine Abweichung um 2 σ noch innerhalb der möglichen Bereiche der Variablen liegt.

Beispiel

Bei einer Gruppe von Männern wurde das Gewicht ermittelt. Aus den Daten ergaben sich ein Mittelwert von 75 kg und eine Standardabweichung von 40 kg.

Wir berechnen nun die Abweichung um 2 σ vom Mittelwert:

$$\mu - 2\,\sigma = (75\,\text{kg}) - 2 \times (40\,\text{kg}) = -5\,\text{kg}$$

Dies ist kein möglicher Wert für ein Gewicht. Also kann keine Normalverteilung vorliegen, und die Angabe von Mittelwert und Standardabweichung ist nicht angebracht. Wir erinnern uns: Bei der Normalverteilung müssen 4,6 % der Werte der Stichprobe oder der Population außerhalb des ($\pm 2\,\sigma$)-Bereichs liegen.

30.1 z-Noten

Die Anzahl der Standardabweichungseinheiten, um die der Wert einer Stichprobeneinheit vom Populationsmittelwert entfernt ist, nennt man **z-Note** oder **standardisierte Note**.

Wenn ein Beobachtungswert oberhalb des Populationsmittelwerts liegt, so hat er eine positive z-Note, und

+1 σ ergibt eine z-Note von 1.

Ein Wert unterhalb des Mittelwerts hat eine negative z-Note, und

−1 σ ergibt eine z-Note von −1.

Die Formel für die z-Note lautet

$$z = \frac{(x - \mu)}{\sigma}$$

Darin ist x der Wert der einzelnen Beobachtung, μ der Populationsmittelwert und σ die Standardabweichung.

> **Beispiel**
>
> Bei einer aus etlichen Männern bestehenden Population beträgt die mittlere Masse 75 kg, und die Standardabweichung ist $\sigma = 5$ kg.
>
> Einer der Männer hat eine Masse von 65 kg. Dafür ist die z-Note
>
> $$z = \frac{(x - \mu)}{\sigma} = \frac{(65 - 75)\ \text{kg}}{5\ \text{kg}} = -2$$

30.2 Ein Tipp

Es genügt nicht, zu wissen, wie eine Standardabweichung berechnet wird. Wichtig ist auch, die Anzahl der erfassten Werte sowie die Anteile der Werte zu kennen, die bei einer Normalverteilung in den verschiedenen σ-Intervallen liegen. Hier sind sie noch einmal aufgeführt:

$\pm 1\ \sigma$ umfasst 68,2 % der Werte,

$\pm 2\ \sigma$ umfasst 95,4 % der Werte,

$\pm 3\ \sigma$ umfasst 99,7 % der Werte.

Schließlich sollte man sich auch die Kurvenform der Normalverteilung (siehe Abschnitt 28.1) vor Augen halten.

Testen Sie Ihr Wissen

Die Lösung finden Sie auf Seite 184.

Aufgabe 30.1
Der mittlere Hämoglobinspiegel des Blutes einer Population von Frauen beträgt 12,5 g dl^{-1}, und die Standardabweichung ist 1,2 g dl^{-1}. Bei einer der Frauen beträgt der Messwert 15,5 g dl^{-1}. Wie hoch ist hierfür die z-Note?

Freiheitsgrade

Bei vielen statistischen Berechnungen spielen **Freiheitsgrade** (FG) eine Rolle. Das ist kein einfacher Begriff, der in einem Satz zu erläutern wäre.

Am besten wird er anhand eines Beispiels erklärt.

Wir gehen von drei Beobachtungen (A, B und C) aus und wollen ihre Werte wissen.

Wenn wir, abgesehen von deren Existenz, nichts über sie wissen, dann hat jede einzelne Beobachtung sozusagen die Freiheit, unbekannt zu sein. Bei den drei Beobachtungen liegen also drei Freiheitsgrade vor, und wir schreiben: FG = 3.

Wenn wir außerdem den Mittelwert, beispielsweise 2,7, kennen, dann können wir aus zwei bekannten Variablen den Wert der dritten berechnen. Dann liegen nur noch zwei Freiheitsgrade vor: FG = 2.

Jetzt soll außer dem Mittelwert auch die Standardabweichung, beispielsweise 1,2, bekannt sein. Damit können wir sämtliche Variablen berechnen, wenn wir nur einen Wert einer der drei Variablen kennen. Daher besteht ein Freiheitsgrad: FG = 1.

Beispiel

Wir haben zwei Joghurtbecher vor uns, aber ohne Beschriftung. Wir wissen, dass sich in einem Erdbeer- und im anderen Kirschjoghurt befindet. Dann müssen wir nur aus einem Becher kosten, um auch den anderen beschriften zu können. Mit der Anzahl N der Joghurtbecher ist daher

$$FG = N - 1 = 2 - 1 = 1$$

Wenn wir 10 Joghurtbecher vor uns haben und dazu eine Liste der 10 verschiedenen Sorten, dann müssen wir aus 9 Bechern kosten, um alle 10 Inhalte zuordnen zu können. Die Anzahl der Freiheitsgrade ist dabei

$$FG = N - 1 = 10 - 1 = 9$$

Ähnlich ist es bei einer Stichprobe mit 28 Babys, von der wir den Mittelwert der Größen kennen. Dann müssen wir nur bei 27 Babys die Größe messen, um auch die des 28. Babys ermitteln zu können. Hierbei ist

$$FG = N - 1 = 28 - 1 = 27$$

Wenn außerdem die Standardabweichung der Größen der Babys bekannt ist, fällt ein weiterer Freiheitsgrad weg:

$$FG = N - 2 = 28 - 2 = 26$$

Ableiten von Vergleichen aus Statistiken

In Abschnitt 27.4 wurde der Begriff „schließende Statistik" eingeführt. Bei ihr werden anhand der erhobenen Datenstichprobe bestimmte Schlussfolgerungen über die zugehörige Population gezogen.

Das bedeutet, es wird eingeschätzt, ob die Ergebnisse auf tatsächliche Differenzen in den Populationen hindeuten oder wie gut bestimmte Aspekte der Stichprobe die Population repräsentieren bzw. darstellen.

In diesem Kapitel wird die Vorgehensweise bei der Anwendung der schließenden Statistik erklärt.

32.1 Die Nullhypothese

In der schließenden Statistik wird eine Theorie überprüft, die man hier als **Hypothese** bezeichnet.

Paradoxerweise geht man bei der statistischen Analyse davon aus, dass zwischen den untersuchten Populationen *keine* Differenz, also eine *Null*-Differenz, vorliegt. Daher spricht man von der **Nullhypothese**; sie wird durch das Ergebnis der Überprüfung bzw. des Tests entweder unterstützt oder abgelehnt.

Die Nullhypothese ist im Allgemeinen das Gegenteil dessen, was wir tatsächlich herausfinden wollen. Wenn wir daran interessiert sind, ob zwischen zwei Gruppen eine Differenz besteht, dann setzen wir die Nullhypothese an, nach der keine Differenz vorliegt, und versuchen, diese Annahme zu widerlegen.

> **Beispiel**
>
> Im ersten Beispiel von Kapitel 27 wollte eine Biologin bei zwei Feldern die Ausbeuten an Saubohne, *Vicia faba*, vergleichen. Nach der Nullhypothese besteht *keine* Differenz zwischen den Ausbeuten der beiden Felder, die in jeweils 5 quadratischen Flächenstücken ermittelt wurden.

32.2 Wahl und Anwendung des geeigneten statistischen Tests

Nach dem Erfassen der Daten für eine vergleichende Studie ist der Vergleich mithilfe eines statistischen Tests durchzuführen. Das in Anhang 1 wiedergegebene **Ablaufdiagramm für die Entscheidung** ist sehr hilfreich, wenn der richtige Test herausgesucht werden soll.

Das Berechnungsergebnis des Tests ist eine **Teststatistik,** d. h. ein Wert, der die Differenz zwischen den Stichproben quantifiziert.

Im Allgemeinen fällt das Ergebnis der Teststatistik umso höher aus, je größer die Differenz zwischen den beiden Stichproben ist.

> **Beispiel**
>
> Mithilfe des Ablaufdiagramms (siehe Anhang 1) entscheidet sich die Biologin, dass die Bohnenausbeute pro Quadratmeter in den beiden Feldern am besten mit dem nicht paarweisen *t*-Test zu vergleichen ist. Dieser wird in Kapitel 38 näher beschrieben.
>
> Die Biologin ermittelt für die *t*-Test-Statistik den Wert 2,51 und außerdem FG = 18.

32.3 Signifikanzniveaus

Nun müssen wir ermitteln, wie wahrscheinlich es ist, dass irgendeine Differenz zwischen den Daten durch Zufall zustande kommt.

Zum Berechnen eines **Signifikanzniveaus** aus der Teststatistik verwenden wir Tabellen wie die in den Anhängen 2 und 3.

Wenn die Differenz vermutlich durch Zufall zustande kam, bezeichnet man sie als **nicht-signifikant**, und die Nullhypothese kann nicht abgelehnt werden.

Kam die Differenz vermutlich nicht durch Zufall zustande, nennt man sie **signifikant,** und die Nullhypothese ist abzulehnen.

> **Beispiel**
>
> Für den Vergleich der Bohnenausbeuten mit FG = 18 schlagen wir in der Tabelle der kritischen Werte für die *t*-Verteilung in Anhang 2 nach. Der Wert 2,51 ist höher als der kritische Wert 2,10 für 5 %. Also kommt die Differenz wahrscheinlich nicht durch Zufall zustande.
>
> Umgekehrt kann die Nullhypothese nicht abgelehnt werden, wenn die *t*-Test-Statistik für die Bohnenausbeute ein geringes Signifikanzniveau aufweist. Dann kann die Differenz zwischen den beiden Feldern durchaus zufällig entstanden sein.

32.4 Gibt es störende Einflüsse?

Zwar geht es über den Umfang dieses Buches hinaus, aber wir wollen noch kurz einen anderen Aspekt betrachten. Wenn signifikante Differenzen festgestellt werden, ist noch zu klären, ob sie durch irgendwelche **störenden Einflüsse** entstanden sein können.

Beispiel

Beim Sammeln der Bohnen bemerkte die Biologin, dass die beiden Bohnenfelder in zweierlei Hinsicht unterschiedlich waren: Das eine lag auf einem Südhang und war gut entwässert. Das andere dagegen lag auf ebenem Gelände und war ziemlich feucht.

Ihr wurde klar, dass eine Differenz der Masse pro Bohne durch diese unterschiedlichen Bedingungen zu erklären sein könnte – also nicht durch die unterschiedliche Art der Düngung.

33 Der Standardfehler des Mittelwerts

Erfassen wir an einer Zufallsstichprobe aus einer großen Population die einzelnen Werte, so können wir deren Mittelwert für diese Stichprobe berechnen.

Wegen der zufälligen Auswahl der Stichprobenelemente kann sich der Mittelwert der Stichprobe von dem der gesamten Population unterscheiden (letzterer, der „Populationsmittelwert", wird auch als „wahrer Wert" des Mittelwerts bezeichnet).

33.1 Der Standardfehler des Mittelwerts

Der **Standardfehler des Mittelwerts**, mit SFM symbolisiert, ist ein Maß dafür, wie dicht der betreffende Stichprobenmittelwert am Populationsmittelwert liegt.

Der Standardfehler eines Stichprobenmittelwerts ist definiert als Quotient aus der Standardabweichung der Stichprobe und der Quadratwurzel der Stichprobengröße: d.h.

$$\text{SFM} = \frac{\sigma_S}{\sqrt{n}}$$

Der Bereich $\pm 1{,}96$ SFM um den Populationsmittelwert umfasst 95 % der Stichprobenmittelwerte;

der Bereich $\pm 2{,}58$ SFM um den Populationsmittelwert umfasst 99 % der Stichprobenmittelwerte;

der Bereich $\pm 3{,}29$ SFM um den Populationsmittelwert umfasst 99,9 % der Stichprobenmittelwerte.

Beispiel

Nehmen wir an, wir wollen die mittlere Geschwindigkeit von Fibroblasten bei einer bestimmten Temperatur ermitteln. Der „wahre Wert" dieses Mittelwerts ist die mittlere Geschwindigkeit sämtlicher unter diesen Bedingungen kultivierter Fibroblasten.

Wir ermitteln an einer Stichprobe von 10 Fibroblasten den Mittelwert der Geschwindigkeit. Aufgrund zufälliger Schwankungen weicht der Mittelwert dieser Stichprobe vermutlich vom wahren Mittelwert ab. Wir wissen nicht sicher, wie dicht er beim wahren Wert liegt; aber je größer die Stichprobe ist, desto dichter wird er bei ihm liegen.

Bei einer anderen Stichprobe erhalten wir wahrscheinlich einen leicht abweichenden Mittelwert. Und wenn wir 10 separate Stichproben auswerten, liefert jede ein anderes Ergebnis für den Mittelwert. Wir stellen jedoch fest, dass die Ergebnisse um ein zentrales Gebiet herum verteilt sind – und dieses Gebiet enthält wahrscheinlich den wahren Populationsmittelwert.

Diese Verteilung von Mittelwerten um den Populationsmittelwert entspricht einer Normalverteilung und kann mithilfe des Standardfehlers des Mittelwerts beschrieben werden.

Bei größeren Stichproben (mit beispielsweise 30 statt 10 Fibroblasten) ist der Standardfehler kleiner und die Verteilung schmaler.

33.2 Umgang mit dem Standardfehler

Selbst wenn nur eine Stichprobe ausgewertet wird, wissen wir, dass der Stichprobenmittelwert ein Teil dieser Verteilung um den Populationsmittelwert ist – wir wissen nur nicht, wo er darin liegt. Der Standardfehler des Mittelwerts ist der Standardfehler dieser Verteilung. Er berücksichtigt die Stichprobengröße und die Variation innerhalb dieser Stichprobe.

> **Beispiel**
>
> In Abschnitt 29.5 haben wir den Mittelwert der Massen von 10 Lachsen zu 2,34 kg berechnet. Die Standardabweichung betrug 0,607 kg.
>
> $$\text{SFM} = \frac{\sigma_S}{\sqrt{n}} = \frac{0,607\,\text{kg}}{\sqrt{10}} = 0,1929\,\text{kg}$$

33.3 Die Auswirkung einer größeren Stichprobe

Mit zunehmender Stichprobengröße wird der Standardfehler kleiner.

> **Beispiel**
>
> Wir vervierfachen beim Beispiel mit den Lachsen die Stichprobengröße. Wenn die Standardabweichung nach wie vor 0,607 kg beträgt, dann ergibt sich nun
>
> $$\text{SFM} = \frac{\sigma_S}{\sqrt{n}} = \frac{0,607\,\text{kg}}{\sqrt{40}} = 0,0960\,\text{kg}$$
>
> Bei vierfacher Stichprobengröße ist der Standardfehler also halb so groß.

33.4 Standardabweichung oder Standardfehler?

Aus der Standardabweichung können wir folgern, wie stark die Werte *in Stichproben* um deren Mittelwert schwanken.

Dagegen ziehen wir den Standardfehler heran, wenn es darum geht, wie stark die Stichproben*mittelwerte* um den Populationsmittelwert schwanken.

Testen Sie Ihr Wissen

Die Lösung finden Sie auf Seite 184.

Aufgabe 33.1
Bei 16 schwangeren Frauen beträgt der mittlere Hämoglobinspiegel des Blutes 11,6 g dl^{-1}, und die Standardabweichung ist $\sigma = 0,4$ g dl^{-1}.
Wie hoch ist der Standardfehler des Mittelwerts?

Konfidenzintervalle

Angenommen, wir kennen den Mittelwert einer Stichprobe und möchten wissen, in welchem Bereich der wahre Populationsmittelwert liegt. Dann können wir mithilfe des Standardfehlers das **Konfidenzintervall** (oder Vertrauensintervall) berechnen.

Das Konfidenzintervall ist der Bereich (das Intervall), bei dem wir ziemlich stark darauf vertrauen können, dass der Populationsmittelwert darin liegt; dies ist ja der Mittelwert, der sich ergäbe, wenn die Daten der gesamten Population ausgewertet würden (bzw. wenn die Stichprobe aus der gesamten Population bestünde).

34.1 Das 95-%-Konfidenzintervall

Der Bereich ±1,96 Standardfehler (SFM) um den Populationsmittelwert herum umfasst 95 % der Stichprobe.

Also besteht bei einer gegebenen Stichprobe eine Wahrscheinlichkeit von 95 %, dass der Stichprobenmittelwert im Bereich ±1,96 SFM um den Populations-mittelwert liegt.

Oft wird das so verstanden, dass eine 95-%-Wahrscheinlichkeit dafür besteht, dass der Populationsmittelwert im Bereich von ±1,96 Standardfehlern um den Stichprobenmittelwert liegt. Allerdings ist diese Formulierung (obwohl häufig verwendet) nicht richtig.

34.2 Stichprobengröße, Standardabweichung und Konfidenzintervall

Die Größe eines Konfidenzintervalls hängt mit der Stichprobengröße und der Standardabweichung folgendermaßen zusammen:

- Studien mit größeren Datenmengen ergeben eher schmalere Konfidenzintervalle;
- je kleiner die Standardabweichung ist, desto schmaler ist das Konfidenzintervall.

34.3 Berechnung des 95-%-Konfidenzintervall

Der Bereich von 1,96 Standardfehlern unter dem Stichprobenmittelwerts bis 1,96 Standardfehlern darüber wird 95-%-Konfidenzintervall genannt. Zum Berechnen des 95-%-Konfidenzintervalls muss also der Standardfehler mit 1,96 multipliziert werden.

Wird das Ergebnis vom Stichprobenmittelwert subtrahiert, so ergibt sich der untere 95-%-Konfidenzgrenzwert. Dagegen liefert Addieren zum Stichprobenmittelwert den oberen 95-%-Konfidenzgrenzwert. Das 95-%-Konfidenzintervall (95-%-CI) ist also gegeben durch

$$\bar{x} \pm (\text{SFM} \times 1{,}96)$$

Beispiel

In Abschnitt 33.2 haben wir die mittlere Masse einer Stichprobe von 10 Lachsen zu 2,34 kg ermittelt, und der Standardfehler des Mittelwerts betrug 0,1929 kg.

Dafür berechnen wir nun das 95-%-Konfidenzintervall:

$$\text{SFM} \times 1{,}96 = (0{,}1929 \text{ kg}) \times 1{,}96 = 0{,}3781 \text{ kg}$$

$$\bar{x} - 0{,}3781 \text{ kg} = (2{,}34 - 0{,}3781) \text{ kg} = 1{,}9619 \text{ kg}$$

$$\bar{x} + 0{,}3781 \text{ kg} = (2{,}34 + 0{,}3781) \text{ kg} = 2{,}7181 \text{ kg}$$

Das wird gewöhnlich so interpretiert: Wir können zu 95 % darauf vertrauen, dass der wahre Populationsmittelwert der Masse dieser Stichprobe von Lachsen zwischen 1,96 kg und 2,72 kg liegt (auf drei gültige Stellen angegeben).

Wir können also schreiben:

$$\bar{x} = 2{,}34 \text{ kg, und das 95-\%-CI ist } 1{,}96 \text{ kg bis } 2{,}72 \text{ kg.}$$

34.4 Berechnung anderer Konfidenzintervalle

Der Stichprobenmittelwert $\pm 2{,}58$ SFM ergibt das 99-%-Konfidenzintervall.

Der Stichprobenmittelwert $\pm 3{,}29$ SFM ergibt das 99,9-%-Konfidenzintervall.

Beispiel

Wir wollen für unser obiges Beispiel mit den Lachsen das 99-%-Konfidenzintervall berechnen:

$$\text{SFM} \times 2{,}58 = (0{,}1929 \text{ kg}) \times 2{,}58 = 0{,}4977 \text{ kg}$$

$$\bar{x} - 0{,}4977 \text{ kg} = (2{,}34 - 0{,}4977) \text{ kg} = 1{,}8423 \text{ kg}$$

$$\bar{x} + 0{,}4977 \text{ kg} = (2{,}34 + 0{,}4977) \text{ kg} = 2{,}8377 \text{ kg}$$

Also können wir zu 99 % darauf vertrauen, dass der wahre Populationsmittelwert für die Lachse zwischen 1,84 kg und 2,84 kg liegt.

Auf die gleiche Weise ergibt sich das 99,9-%-Konfidenzintervall:

$$\text{SFM} \times 3{,}29 = (0{,}1929 \text{ kg}) \times 3{,}29 = 0{,}6346 \text{ kg}$$

$$\bar{x} - 0{,}6346 \text{ kg} = (2{,}34 - 0{,}6346) \text{ kg} = 1{,}7054 \text{ kg}$$

$$\bar{x} + 0{,}6346 \text{ kg} = (2{,}34 + 0{,}6346) \text{ kg} = 2{,}9746 \text{ kg}$$

Wir dürfen zu 99,9 % darauf vertrauen, dass der wahre Populationsmittelwert für die Lachse zwischen 1,71 kg und 2,97 kg liegt.

Testen Sie Ihr Wissen

Die Lösung finden Sie auf Seite 184.

Aufgabe 34.1

Der mittlere Hämoglobinspiegel im Blut beträgt bei einer Stichprobe von 20 Frauen 12,8 g dl^{-1}. Der Standardfehler des Mittelwerts ist SFM = 0,8 g dl^{-1}. Berechnen Sie das 95-%-, das 99-%- und das 99,9-%-Konfidenzintervall.

Wahrscheinlichkeit

Der Begriff **Wahrscheinlichkeit** ist ein Schlüsselbegriff der Statistik, und es ist unumgänglich, ihn richtig zu verstehen.

Wird von einer „Chance" gesprochen, dann verstehen wir intuitiv, was gemeint ist. Zuweilen können die vielen verschiedenen Möglichkeiten, eine Wahrscheinlichkeit zu beschreiben, aber auch verwirrend sein.

35.1 Fünf Arten, eine Wahrscheinlichkeit anzugeben

Will man eine Wahrscheinlichkeit in Form eines Zahlenwerts angeben, so kann das auf mehrere Arten erfolgen.

> **Beispiel**
>
> Wenn wir eine Münze werfen, sind die Chancen für Wappen und für Zahl gleich hoch.
>
> Also besteht die Wahrscheinlichkeit 1 aus 2, dass das Wappen oben zu liegen kommt.

Eine Wahrscheinlichkeit kann auch als Quotient formuliert werden. Dabei ist die Anzahl der zuvor benannten bzw. gewünschten Ergebnisse durch die gesamte Anzahl möglicher Ergebnisse zu dividieren.

> **Beispiel**
>
> Bei der Münze ist die Wahrscheinlichkeit, Wappen zu werfen, gleich 1 dividiert durch 2. Das bedeutet, wir erhalten in der Hälfte (1/2) aller Würfe das Wappen.

Eine Wahrscheinlichkeit kann in einer Skala von 0 bis 1 angegeben werden:
- Ein sehr seltenes Ereignis hat eine Wahrscheinlichkeit von etwas über 0;
- ein sehr häufiges Ereignis hat eine Wahrscheinlichkeit von nahezu 1.

> **Beispiel**
>
> Die Wahrscheinlichkeit, Wappen zu werfen, ist $1/2 = 0,5$.

Eine Wahrscheinlichkeit kann auch als Variable P oder p angegeben werden.

> **Beispiel**
>
> Beim Münzwurf ist die Wahrscheinlichkeit für Wappen $P = 0,5$.

Schließlich können wir eine Wahrscheinlichkeit als Prozentsatz angeben.

> **Beispiel**
>
> Beim Werfen einer Münze besteht eine Wahrscheinlichkeit von 50 %, Wappen zu werfen.

Fassen wir zusammen: 1 von 2, aber auch 1/2 und 0,5 sowie $P = 0,5$ und 50 % bieten sämtlich dieselbe Information über die Wahrscheinlichkeit, dass nach dem Werfen einer Münze das Wappen oben liegt.

Beispiel

Das 95-%-Konfidenzintervall für die Bakteriengröße in einem Stamm von *E. coli* ist 1,9 μm bis 2,1 μm.

Das wird gewöhnlich so interpretiert: Wir können zu 95 % darauf vertrauen, dass der wahre Populationsmittelwert zwischen 1,9 μm und 2,1 μm liegt – und dass eine Wahrscheinlichkeit von 5 % besteht, dass dies nicht der Fall ist.

Wir können die Wahrscheinlichkeit von 95 % auch so beschreiben:

- eine Chance von 19 aus 20,
- eine Chance von 19/20,
- eine Wahrscheinlichkeit von 0,95,
- $P = 0,95$.

Testen Sie Ihr Wissen

Die Lösung finden Sie auf Seite 184.

Aufgabe 35.1
Geben Sie auf fünf Arten die Chance an, mit zwei Würfeln gleichzeitig zwei Sechsen zu würfeln.

36 Signifikanz und *P*-Werte

Ein im Zusammenhang mit Wahrscheinlichkeiten wichtiger Begriff ist die **Signifikanz**.

Wenn Messungen verglichen werden, die an zwei oder mehr Gruppen vorgenommen wurden, können wir eine Hypothese über die Differenz zwischen ihnen aufstellen. Mithilfe des *P*-Werts (oder Wahrscheinlichkeitswerts) ist dann zu ermitteln, mit welcher Wahrscheinlichkeit die Hypothese zutrifft.

Wie in Abschnitt 32.1 dargelegt, besagt die Hypothese gewöhnlich, dass zwischen den Gruppen *keine* Differenz vorliegt; dann handelt es sich um die „Nullhypothese".

Das Signifikanzniveau beschreibt die Wahrscheinlichkeit, dass wirklich eine Differenz *vorliegt*.

36.1 Die Bedeutung der Signifikanz

Wir betrachten zwei Gruppen von Patienten, denen verschiedene Behandlungen zuteil wurden und deren mittlere Anteile geheilter Patienten unterschiedlich waren. Wir möchten wissen, ob zwischen den beiden Gruppen eine signifikante Differenz der Mittelwerte vorliegt. Wichtig ist dabei auch die Frage: Kam die Differenz durch Zufall zustande oder kann wirklich eine Differenz zwischen beiden Gruppen bestehen?

Wie schon gesagt, besteht die **Nullhypothese** in der Annahme, dass zwischen den Patientengruppen *keine* Differenz vorliegt.

> **Beispiel**
>
> Zweihundert erwachsene Patienten mit Bronchopneumonie wurden in zwei Gruppen randomisiert, denen zwei verschiedene Antibiotika verabreicht wurden. Fünf Tage später wurden die Patienten wieder untersucht.
>
> Die Mediziner wollten feststellen, mit welcher Wahrscheinlichkeit eine Differenz zwischen den beiden Behandlungen durch Zufall auftreten konnte oder ob tatsächlich eine signifikante (bedeutsame) Differenz vorlag.
>
> Gemäß der Nullhypothese sollten sich die Auswirkungen der beiden Behandlungen nicht unterscheiden.

36.2 Der *P*-Wert

Der *P*-Wert gibt die Wahrscheinlichkeit an, mit der irgendeine beobachtete Differenz der Messergebnisse beider Gruppen zufällig auftritt.

$P = 0,5$ bedeutet, dass die Differenz mit einer Wahrscheinlichkeit von 0,5 infolge Zufalls auftritt.

$P = 0,05$ bedeutet, dass die Wahrscheinlichkeit des zufälligen Eintretens 10-mal kleiner ist, also nur 0,05 bzw. 1 aus 20 beträgt. Dieser Wert wird häufig als „statistisch signifikant" bezeichnet; das besagt, dass die Differenz eigentlich nicht zufällig auftreten kann und deswegen bedeutsam ist. Allerdings ist das ein willkürlich gewählter Wert. Selbst wenn von 20 Studien keine einzige eine Differenz aufweist, ist es wahrscheinlich, dass eine der Studien einen P-Wert von 0,05 hat und daher als signifikant erscheint!

Je kleiner der P-Wert ist, desto unwahrscheinlicher ist es, dass die Differenz zufällig zustande kommt, und desto höher ist die Signifikanz des Ergebnisses.

$P = 0,01$ wird oft als „hoch signifikant" bewertet. Das heißt, die Differenz wird nur mit einer Wahrscheinlichkeit von 1 zu 100 zufällig auftreten. Das ist ziemlich unwahrscheinlich, jedoch durchaus möglich.

$P = 0,001$ bedeutet, dass die Differenz in 1 von 1000 Fällen durch Zufall entsteht; das ist zwar noch viel unwahrscheinlicher, aber immer noch möglich. Dieser P-Wert gilt als „sehr hoch signifikant".

Beispiel

Ein Epidemiologe stellt fest, dass in einer Stadt von 50 Neugeborenen 35 weiblich sind.

Er untersucht zunächst die Wahrscheinlichkeit, mit der diese Abweichung vom normalen Männlich/weiblich-Quotienten 50:50 durch Zufall abweicht.

Gemäß der Nullhypothese dürfte sich in dieser Stadt die Chance, ein Mädchen zu bekommen, *nicht* von der normalen 50:50-Chance unterscheiden.

Der P-Wert gibt die Wahrscheinlichkeit an, dass die Nullhypothese zutrifft.

In diesem Beispiel beträgt er 0,007. (Wie man ihn berechnet, wird an anderer Stelle gezeigt, und wir konzentrieren uns hier auf seine Bedeutung.)

$P = 0,007$ bedeutet, dass der beobachtete Befund nur mit einer Wahrscheinlichkeit von 0,007 zu 1 (oder 1 zu 140) rein zufällig auftreten wird. Dabei wird vorausgesetzt, dass die Wahl der Stadt nichts mit der Geschlechterverteilung der Babys zu tun hat. Eine Wahrscheinlichkeit von 0,007 ist sehr gering, sodass der P-Wert „hoch signifikant" ist. Also können wir die Nullhypothese ablehnen und dürfen folgern, dass eine hoch signifikante Differenz zwischen dem Geschlechterverhältnis der Babys in dieser Stadt gegenüber dem im ganzen Land vorliegt.

36.3   Ist statistische Signifikanz stets gleich Relevanz?

Wir dürfen statistische Signifikanz aber nicht mit Relevanz bzw. Wichtigkeit verwechseln. Wenn eine Stichprobe zu klein ist, sind die Ergebnisse vermutlich nicht statistisch signifikant, selbst wenn wirklich eine Differenz zwischen ihnen besteht. Umgekehrt kann eine große Stichprobe eine statistische Signifikanz aufzeigen, wobei aber die Differenz zu gering ist, um überhaupt relevant zu sein.

Testen Sie Ihr Wissen

Die Lösungen finden Sie auf Seite 184.

Aufgabe 36.1
Es soll die Auswirkung von zwei verschiedenen Temperaturen auf die Keimbildungsrate von Samen des Saatweizens, *Triticum aestivum*, untersucht werden. Stellen Sie eine Nullhypothese auf, mit der die Auswirkung überprüft werden kann.

Aufgabe 36.2
Die Keimbildungsrate einer Stichprobe von Samen des Saatweizens beträgt 92 % bei 10 °C. Die Keimbildungsrate einer anderen Stichprobe, die bei 14 °C gehalten wurde, beträgt 96 %, und es ist $P = 0{,}25$.
Wie signifikant ist diese Differenz?

37 Tests auf Signifikanz

Es gibt zahlreiche Signifikanztests, sodass nicht immer leicht zu entscheiden ist, welches Verfahren geeignet ist.

Das **Ablaufdiagramm für die Entscheidung** in Anhang 1 gibt dafür eine Hilfestellung.

Die statistischen Tests lassen sich in zwei Gruppen unterteilen, nämlich in **parametrische** und **nichtparametrische** Tests. Welche Art anzuwenden ist, hängt von der Verteilung der Daten ab.

37.1 Parametrische Tests

Allgemein vergleichen parametrische Tests Mittelwerte und Varianzen. Sie sind nur einzusetzen, wenn die Daten einer **Normalverteilung** gehorchen; ihre glocken-förmige Kurve ist in Abschnitt 28.1 gezeigt.

Bei großen Stichproben (beispielsweise mit mehr als 50 Stichprobenelementen) ist der Stichproben*mittelwert* gewöhnlich normalverteilt, auch wenn das bei den Werten der Stichprobenelemente selbst nicht der Fall ist; dann können parametrische Tests vorgenommen werden.

Manche unsymmetrisch bzw. schief verteilten Daten können in normalverteilte Daten **transformiert** werden, die dann mithilfe eines genaueren parametrischen Tests analysiert werden können. Beispielsweise kann sich bei schief verteilten Daten eine Normalverteilung ergeben, wenn man die Werte logarithmiert.

Zuweilen wird auf den **Kolmogorov-Smirnov-Test** hingewiesen. Dieser überprüft die Hypothese, dass die Daten einer Normalverteilung entsprechen, und schätzt auch ein, ob eine parametrische Statistik angewendet werden kann.

In der Statistik werden parametrische Tests gegenüber nichtparametrischen Tests möglichst bevorzugt,

- weil parametrische Tests für parametrische Daten leistungsfähiger sind
- und weil weitaus mehr parametrische Tests verfügbar sind.

Jedoch müssen Stichprobenpopulationen, die die parametrischen Kriterien nicht erfüllen (oder nicht entsprechend transformiert werden können), mittels nichtparametrischer Tests untersucht werden.

Bei den meisten nichtparametrischen Tests werden die Daten zunächst in eine **Rangfolge** gebracht, und dann werden die Ränge verglichen.

37.2 Die häufig verwendeten parametrischen Tests

Die so genannten *t*-Tests dienen dazu, Stichprobenmittelwerte zu vergleichen. Sie werden in Kapitel 38 näher beschrieben.

> **Beispiel**
>
> Wir betrachten zwei Gruppen von 3 Monate alten Tauben, die mit verschiedenen Getreidesorten gefüttert wurden. Wir können die mittleren Gewichte beider Gruppen mithilfe eines *t*-Tests vergleichen.

Suchen wir nach einer Beziehung zwischen zwei kategorischen Variablen, dann untersuchen wir die Daten mithilfe eines **Chi-Quadrat-Tests** (siehe Kapitel 40).

> **Beispiel**
>
> Wir wollen die mögliche Auswirkung eines Schadstoffs auf die Schwere von Asthma-Erkrankungen untersuchen. Dazu können wir die Schwere als leicht, mittel oder ernst einstufen. Die Auswirkung des Vorhandenseins oder des Fehlens des Schadstoffs auf die Schwere des Asthmas ist dann mit einem Chi-Quadrat-Test zu bewerten.

Die meisten Signifikanztests vergleichen die Varianz zwischen Stichproben. Wir können die Hypothese überprüfen, nach der Stichproben aus derselben Population stammen, indem wir die Variation *innerhalb* jeder Stichprobe betrachten und sie mit der Varianz (siehe Abschnitt 29.2) *zwischen* den Stichprobenmittelwerten vergleichen. Dieses Verfahren heißt **Varianzanalyse** oder **ANOVA**. Es ist vor allem dann nützlich, wenn multiple Variablen zu vergleichen sind, und wird in Kapitel 39 besprochen.

> **Beispiel**
>
> Bei einer Studie zu den Wirkungen von fünf unterschiedlichen Düngemitteln auf eine Auswahl von Getreidesorten ist die Varianzanalyse anzuwenden.

Bei Untersuchungen der **Korrelation** (soviel wie Zusammenhang oder Wechselbeziehung) wird geklärt, wie stark eine lineare, d. h. im Graphen geradlinige, Beziehung zwischen zwei Variablen ist. Das wird in Kapitel 41 erläutert.

> **Beispiel**
>
> Wenn wir wissen wollen, wie stark in verschiedenen Altersgruppen eine Verknüpfung zwischen den Häufigkeiten von Fettleibigkeit und Diabetes ist, wenden wir den Pearson'schen Korrelationstest an.

Bei der in Kapitel 42 erläuterten **Regressionsanalyse** wird quantifiziert, wie ein Datensatz mit einem anderen zusammenhängt, wenn eine der Variablen von der anderen, unabhängigen Variablen abhängt.

> **Beispiel**
>
> Die Beziehung zwischen der Anzahl der Tageslichtstunden (einer unabhängigen Variablen) und dem Pflanzenwachstum (der abhängigen Variablen) kann mithilfe der Regressionsanalyse quantifiziert werden.

37.3   Nichtparametrische Tests

Wenn Daten die Anforderungen für die Anwendung parametrischer Tests nicht erfüllen (oder nicht entsprechend transformiert werden können), müssen wir auf einen nichtparametrischen Test zurückgreifen.

Nichtparametrische Tests vergleichen gewöhnlich Medianwerte (siehe Abschnitt 28.3).

Diese Tests vergleichen nicht die Werte der Rohdaten, sondern bringen vielmehr die Daten in **Rangfolgen** und vergleichen die Rangfolgen.

Die nichtparametrischen Entsprechungen parametrischer Tests sind in der folgenden Tabelle zusammengestellt.

Parametrische Tests und ihre nichtparametrischen Entsprechungen	
Parametrischer Test	**Nichtparametrische Entsprechung**
Mittelwert	Median oder Modalwert
Standardabweichung	Quartile und Interquartil-Bereich
Ein-Stichproben-t-Test	Wilcoxon-Test, Signifikanztest
Paarweiser t-Test	Wilcoxon-Test, Signifikanztest
Nicht paarweiser t-Test	Mann-Whitney'scher U-Test
Ein-Weg-ANOVA	Kruskal-Wallis-Test oder ANOVA bei in eine Rangfolge gebrachten Daten
Wiederholte ANOVA	Friedman-Test oder ANOVA bei in eine Rangfolge gebrachten Daten
Pearson'scher Korrelationstest	Spearman'scher Rangkorrelations-Koeffizient

Nichtparametrische Tests können im Rahmen dieses Buches nicht näher behandelt werden.

37.4   Wann ist welcher Test anzuwenden?

Wir können Vergleiche zwischen Stichproben nur anstellen, wenn wir entschieden haben, ob wir parametrische oder nichtparametrische Tests einsetzen. Jedoch kann die Entscheidung, welche Art von Test anzuwenden ist, erstaunlicherweise strittig sein – mehrere Statistiker werden uns zuweilen unterschiedliche Empfehlungen geben.

Ein vereinfachtes Ablaufdiagramm für die Entscheidung ist in der Abbildung dargestellt; jedoch können auch andere gleichermaßen hilfreiche Informationen verwendet werden.

Ablaufdiagramm für die Entscheidung zwischen parametrischen und nichtparametrischen Tests

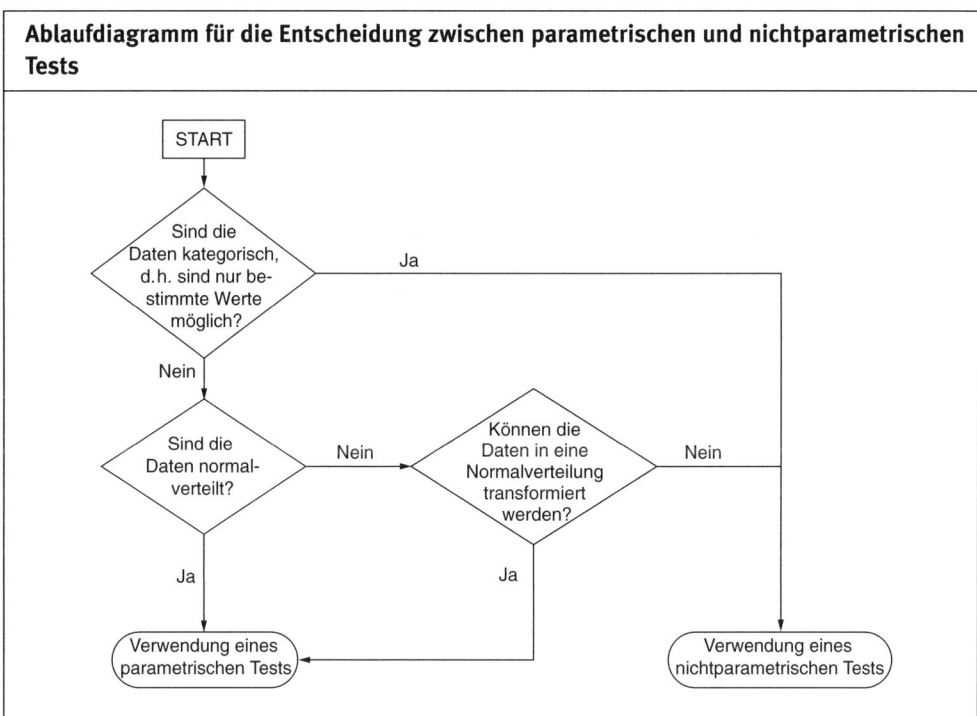

38 *t*-Tests

Wie auch andere parametrische Tests dient der **t-Test** (vollständig heißt er **Student'scher *t*-Test**) zum Vergleichen von Stichproben normalverteilter Daten (siehe Abschnitt 28.1) mit ähnlichen Standardabweichungen. *t*-Tests werden gewöhnlich verwendet, wenn eine oder zwei Stichproben zu vergleichen sind. Sie überprüfen die Wahrscheinlichkeit, dass die Stichproben aus einer Population mit dem gleichen Mittelwert stammen.

Bei kleinen Stichproben liefert die *z*-Note (siehe Abschnitt 30.1) keine gute Abschätzung der Verteilung der Differenzen zwischen Gruppen. Daher wurde der *t*-Wert entwickelt, damit man über eine bessere Abschätzung verfügt, die diesen Nachteil überwindet.

38.1 *t*-Test-Tabellen

Die Tabelle der *t*-Werte in Anhang 2 liefert für eine gegebene Stichprobengröße und einen *t*-Wert das Signifikanzniveau der Differenz zwischen zwei Mittelwerten.

Wir lehnen die Nullhypothese ab, wenn der berechnete Wert von *t* für ein gewähltes Signifikanzniveau größer ist als der Wert in der Tabelle.

> **Beispiel**
>
> Wir verfügen über zwei Stichproben mit jeweils 10 Eiern zweier verschiedener Hühnerrassen und wollen die Massen vergleichen. Gemäß der Nullhypothese besteht zwischen den Massen der Stichproben keine Differenz.
>
> Ein an den beiden Stichproben vorgenommener *t*-Test ergibt $t = 2,62$.
>
> Bei den beiden Stichproben mit je 10 Eiern liegen 18 Freiheitsgrade FG vor (siehe Kapitel 31). Der Tabelle in Anhang 2 entnehmen wir, dass für FG = 18 und das 5-%-Signifikanzniveau $t = 2,10$ ist.
>
> Unser Ergebnis $t = 2,62$ ist größer als dieser Wert, sodass das Signifikanzniveau geringer als 5 % ist. Es ist also $P < 0,05$.
>
> Wir können also sicher sein, dass die Wahrscheinlichkeit unter 5 % liegt, derart extreme Ergebnisse zu erhalten, wenn keine tatsächliche Differenz zwischen den Rassen vorliegt. Daher dürfen wir die Nullhypothese ablehnen.

38.2 Einseitige und zweiseitige Tests

In Abschnitt 34.1 haben wir gesehen, dass bei einer Normalverteilungskurve 95 % der Beobachtungen (Messwerte) innerhalb des Bereichs von $\pm 1,96$ Standardabweichungen um den Mittelwert herum liegen.

Die restlichen 5 % verteilen sich gleichmäßig auf die beiden **Ausläufer** (oder Schwänze) der Normalverteilung, wie in der Abbildung dargestellt.

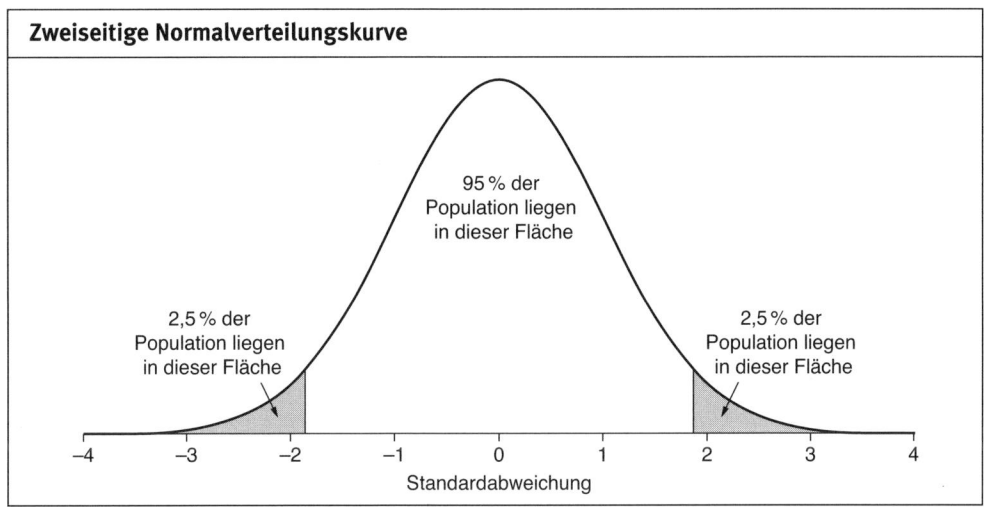

Zweiseitige Normalverteilungskurve

95 % der
Population liegen
in dieser Fläche

2,5 % der
Population liegen
in dieser Fläche

2,5 % der
Population liegen
in dieser Fläche

Standardabweichung

Beim Versuch, eine Nullhypothese (Abschnitt 32.1) abzulehnen, sind wir im Allgemeinen an zwei Möglichkeiten interessiert: Wir dürfen sie entweder ablehnen, weil der Mittelwert einer Stichprobe höher ist als der der anderen Stichprobe, oder weil er kleiner ist.

Wenn wir zulassen wollen, dass die Nullhypothese von beiden Richtungen her abgelehnt wird, führen wir einen **zweiseitigen Test** durch. Wir lehnen sie dabei ab, wenn das Ergebnis in einem der beiden Ausläufer der Testverteilung liegt.

Doch wenn wir wissen, dass ein Messergebnis in einer Population größer (bzw. kleiner) als ein anderes ist, müssen die restlichen 5 % im oberen (bzw. im unteren) Ausläufer der Normalverteilung liegen, wie in der nächsten Abbildung gezeigt.

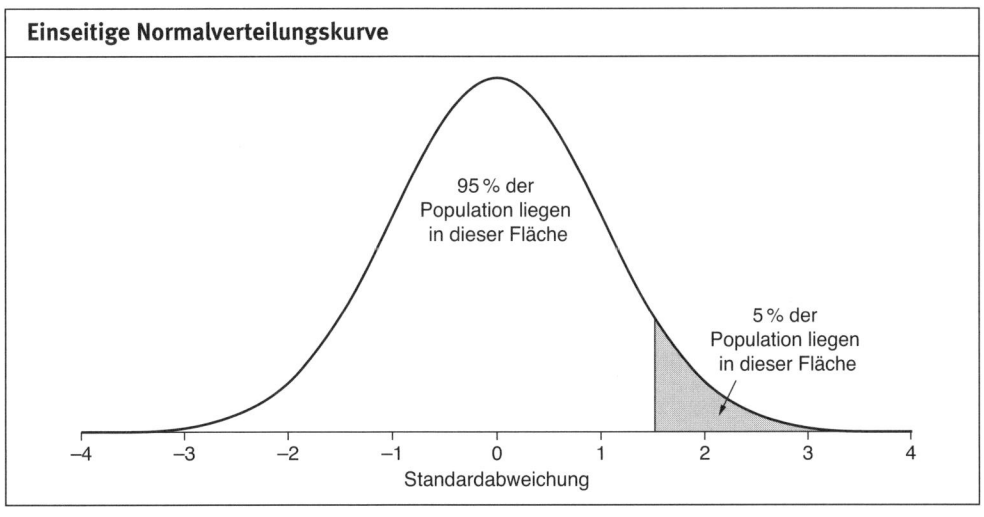

Einseitige Normalverteilungskurve

95 % der
Population liegen
in dieser Fläche

5 % der
Population liegen
in dieser Fläche

Standardabweichung

In diesem Fall sind die kritischen Werte für *t*-Tests kleiner, und wir wenden einen **einseitigen Test** an, wobei wir die Nullhypothese nur dann ablehnen, wenn das Ergebnis in einem einzigen Ausläufer der Testverteilung liegt.

Mithilfe von Statistiksoftware können die *t*-Werte für einseitige wie auch für zweiseitige Tests berechnet werden, und Tabellen wie diejenige mit kritischen Werten für die *t*-Verteilung in Anhang 2 liefern Signifikanzniveaus für beide Fälle.

In der Praxis besteht gewöhnlich die Möglichkeit der Verbesserung wie auch der Verschlechterung, sodass einseitige Tests nur selten verwendet werden müssen.

Außerdem kann ein *P*-Wert, der bei einem zweiseitigen Test nicht besonders signifikant ist, durchaus signifikant werden, wenn ein einseitiger Test durchgeführt wird. Die Wissenschaftler wissen, sich diesen Umstand zunutze zu machen!

38.3   Drei verschiedene *t*-Tests

Es gibt drei verschiedene *t*-Tests.

Nehmen wir an, wir wollen den Mittelwert einer einzelnen uns vorliegenden Stichprobe mit einem festen Wert vergleichen, beispielsweise dem Populationsmittelwert. Dann wenden wir den so genannten **Ein-Stichproben-*t*-Test** an.

Wenn an den gleichen Stichprobenelementen zwei Beobachtungen durchgeführt wurden, müssen wir den **paarweisen *t*-Test** durchführen. (Es trägt eher zur Verwirrung bei, dass er auch „Bezugs-*t*-Test" oder „*t*-Test an gepaarten Stichproben" genannt wird.)

Im Fall von zwei Stichproben, bei denen jeweils die gleiche Variable ermittelt wurde, bietet sich der **nicht paarweise *t*-Test** an (auch als „Zwei-Stichproben-*t*-Test" oder „*t*-Test" an unabhängigen Stichproben" bezeichnet).

> **Beispiel**
>
> Wir wollen den Mittelwert der Masse von 1 Tag alten Hühnereiern auf einem Bauernhof ermitteln.
>
> Uns liegt eine Stichprobe mit 10 Eiern vor, und wir möchten ermitteln, ob ihr Mittelwert der Masse sich vom landesweiten Mittelwert signifikant unterscheidet. Dafür müssen wir den Ein-Stichproben-*t*-Test durchführen.
>
> Nehmen wir an, wir wiegen *dieselbe* Stichprobe der Eier einen Tag später noch einmal, um herauszufinden, ob sich ihre Masse signifikant verändert hat. Dann ist der paarweise *t*-Test angebracht.
>
> Anders ist die Situation aber, wenn wir eine *andere* Stichprobe von 1 Tag alten Eiern wiegen und bestimmen wollen, ob deren Masse signifikant anders ist. Dann wenden wir den nicht paarweisen *t*-Test an.

38.4 Der Ein-Stichproben-*t*-Test

Bei diesem Test wird der Mittelwert einer einzelnen Stichprobe mit einem festen Wert verglichen, beispielsweise mit dem Populationsmittelwert.

Der *t*-Wert ist die Anzahl von Standardfehlern, um die der Stichprobenmittelwert vom Populationsmittelwert abweicht:

$$t = \frac{\bar{x} - E}{\text{SFM}}$$

Darin ist $\bar{x}$ der Stichprobenmittelwert, E der feste Wert und SFM der Standardfehler des Mittelwerts für die Stichprobe. (Wie $\bar{x}$ und SFM berechnet werden, wurde in den Kapiteln 28 und 33 erläutert).

> **Beispiel**
>
> Wir nehmen bei unserem Beispiel nun an, dass der Mittelwert der Masse der Stichprobe mit 10 Eiern 60 g und der Standardfehler des Mittelwerts (SFM) 1,6 g beträgt.
>
> Gemäß dem landesweiten Mittelwert soll ein 1 Tag altes Ei die Masse 55 g haben. Dann ist der *t*-Wert
>
> $$t = \frac{\bar{x} - E}{\text{SFM}} = \frac{60\,\text{g} - 55\,\text{g}}{1,6\,\text{g}} = 3,125$$
>
> Wir schlagen in der Tabelle der *t*-Werte in Anhang 2 nach: Für FG = 9 ist unser *t*-Wert mit 3,125 deutlich höher als der für das 5-%-Signifikanzniveau nötige, tabellierte Wert 2,26.
>
> Also kam die Differenz zwischen dem beobachteten Mittelwert und dem landesweiten Mittelwert höchstwahrscheinlich nicht zufällig zustande.

38.5 Der paarweise *t*-Test

Bei diesem Test werden die Mittelwerte einer Variablen verglichen, die an derselben Stichprobe unter verschiedenen Bedingungen oder zu zwei unterschiedlichen Zeitpunkten ermittelt wurden.

Dazu wird der Mittelwert $\bar{d}$ der Differenzen in jedem Paar durch den Standardfehler $\overline{SF}_D$ der Differenzen dividiert:

$$t = \frac{\bar{d}}{\overline{SF}_D}$$

Der *t*-Test an gepaarten Stichproben entspricht einem Ein-Stichproben-*t*-Test an der Differenz zwischen den beiden Stichproben, wobei E den Wert null erhält.

> **Beispiel**
>
> Bei unserer Stichprobe mit 10 Eiern mit einem Massenmittelwert von 60 g nach 1 Tag beträgt dieser Mittelwert am folgenden Tag 58 g. Wir wollen wissen, ob diese Differenz der beiden Massen signifikant ist.

Der Standardfehler ihrer Differenzen wird zu 1,05 g berechnet, und der Mittelwert der Differenzen ist 60 g − 58 g = 2 g. Damit erhalten wir

$$t = \frac{\overline{d}}{\overline{SF}_D} = \frac{2\,\text{g}}{1,05\,\text{g}} = 1,905$$

Wieder schlagen wir in Anhang 2 nach: Für FG = 9 ist 2,26 der kritische Wert von t für 5 %. Unser berechneter Wert von 1,905 ist geringer als der für das 5-%-Signifikanzniveau erforderliche Wert 2,26. Also kann die Differenz durchaus auf zufällige Einflüsse zurückzuführen sein.

38.6   Der nicht paarweise t-Test

Bei diesem Test werden die Mittelwerte der gleichen Variablen bei zwei verschiedenen Stichproben verglichen.

Dazu wird die Differenz der Mittelwerte $\overline{x}_a$ und $\overline{x}_b$ der beiden Stichproben durch den Standardfehler $\overline{SF}_D$ der Differenzen dividiert:

$$t = \frac{\overline{x}_a - \overline{x}_b}{\overline{SF}_D}$$

Beispiel

Unsere erste Stichprobe mit 1 Tag alten Eiern hat einen Mittelwert der Masse von 60 g. Bei einer anderen Stichprobe mit ebenfalls 1 Tag alten Eiern beträgt der Mittelwert 51 g. Wir wollen wissen, ob hier eine signifikante Differenz der Massen vorliegt.

Der Standardfehler ihrer Differenzen wird zu 2,24 g berechnet, und wir erhalten

$$t = \frac{\overline{x}_a - \overline{x}_b}{\overline{SF}_D} = \frac{60\,\text{g} - 51\,\text{g}}{2,24\,\text{g}} = 4,018$$

In der Tabelle in Anhang 2 ist für FG = 18 ein für das 0,1-%-Signifikanzniveau nötiger t-Wert von 3,92 verzeichnet. Unser Wert 4,018 ist höher, sodass die Differenz nur mit sehr geringer Wahrscheinlichkeit durch Zufall zustande kam.

Testen Sie Ihr Wissen

Die Lösungen finden Sie auf Seite 184.

Aufgabe 38.1
Die Keimbildungsrate von Samen des Fingerhuts, *Digitalis* spp., wie sie in einer Großgärtnerei produziert wurden, betrug 70 %.
Es wurden zwölf Stichproben dieser Samen 1 Jahr lang gelagert. Der Mittelwert der Keimbildungsrate der Stichproben betrug dann 62 %, und der SFM war 8 %.
Wie groß ist der *t*-Wert? Verwenden Sie die Tabelle der *t*-Werte in Anhang 2, um zu ermitteln, ob sich die Differenz vermutlich durch Zufall ergab oder ob sie signifikant ist.

Aufgabe 38.2
Der Mittelwert der Temperatur des Körperinneren bei einer Gruppe von 20 Freiwilligen betrug 36,80 °C, wobei die Umgebungstemperatur bei 30,0 °C lag. Nachdem die Versuchspersonen einer Umgebungstemperatur von 40,0 °C ausgesetzt waren, stieg der Mittelwert der Körperinnentemperatur auf 36,90° C an. Der Standardfehler ihrer Differenzen wird zu 0,04 °C berechnet.
Wie hoch ist der *t*-Wert? Verwenden Sie die Tabelle der *t*-Werte in Anhang 2, um zu berechnen, mit welcher Wahrscheinlichkeit sich die Differenz durch Zufall ergeben konnte.

Aufgabe 38.3
Bei einer Stichprobe mit 30 Exemplaren der Gemeinen Sonnenblume, *Helianthus annuus*, beträgt der Mittelwert der Höhe 1,5 m.
Eine andere Stichprobe war in weniger feuchtem Boden gewachsen, und ihre mittlere Höhe beträgt 1,2 m. Der Standardfehler ihrer Differenz ist 0,1 m.
Wie hoch ist der *t*-Wert? Verwenden Sie die Tabelle der *t*-Werte in Anhang 2, um zu berechnen, mit welcher Wahrscheinlichkeit sich die Differenz durch Zufall ergeben konnte.

Varianzanalyse

Die **Varianzanalyse** oder **ANOVA** (dieses Akronym ist vom englischen Ausdruck *analysis of variance* abgeleitet) ist eine leistungsfähige statistische Methode. Sie dient zum Vergleichen mehrerer Stichproben, auch aus mehreren Gruppen oder unter dem Einfluss mehrerer Faktoren.

39.1 ANOVA oder *t*-Test?

Zum Vergleichen zweier Mittelwerte wird der *t*-Test verwendet.

Sind drei oder mehr Mittelwerte zu vergleichen, kann das durch mehrfaches Durchführen des *t*-Tests geschehen. Beispielsweise sind für die Stichprobenmittelwerte $\bar{A}$, $\bar{B}$ und $\bar{C}$ folgende drei *t*-Tests durchzuführen: Vergleich von $\bar{A}$ mit $\bar{B}$, Vergleich von $\bar{A}$ mit $\bar{C}$ sowie Vergleich von $\bar{B}$ mit $\bar{C}$.

Je mehr Stichproben vorliegen, desto mehr *t*-Tests sind erforderlich.

ANOVA hat den Vorteil, dass ein einziger Test sämtliche Vergleiche abdeckt, und sollte daher immer vorgesehen werden, wenn mehr als zwei Stichproben zu vergleichen sind.

ANOVA bietet außerdem den Vorteil, dass die Auswirkungen mehrerer Faktoren auf eine interessierende Variable berücksichtigt werden können.

> **Beispiel**
>
> Wir wollen die Nullhypothese überprüfen, nach der in den Ernteerträgen von sieben Tomatensorten keine Differenzen vorliegen. Dazu müssten wir 21 *t*-Tests vornehmen.
>
> Doch eine einzige ANOVA-Analyse kann diese 21 *t*-Tests ersetzen.
>
> Wir können mithilfe von ANOVA auch feststellen, wie sich sowohl die Sorte als auch die Lage des Anbaufelds auf den Ernteertrag auswirken.

39.2 Probleme bei Mehrfachtests

Zum oben Gesagten ist Folgendes zu ergänzen: Wenn ein *t*-Test einen *P*-Wert von 0,05 liefert, dann besteht immer noch eine Wahrscheinlichkeit von 5 %, dass wir die Nullhypothese nicht hätten ablehnen dürfen, und daher eine Wahrscheinlichkeit von 5 %, dass wir zur falschen Schlussfolgerung kamen.

Beim Durchführen zahlreicher voneinander unabhängiger *t*-Tests besteht diese Fehlerwahrscheinlichkeit bei jedem einzelnen Test. Anders ausgedrückt: Je mehr Tests wir vornehmen, desto größer ist die Gefahr, dass wir die falsche Schlussfolgerung ziehen.

Bei ANOVA treten die Probleme von Mehrfachtests nicht auf, da dies ein Einzeltest ist.

> **Beispiel**
>
> Wir führen das vorige Beispiel fort. Angenommen, wir haben 21 t-Tests durchgeführt und es ergab sich in keinem einzigen Fall eine Differenz zwischen den Sorten. Dann besteht bei jedem der t-Tests eine Wahrscheinlichkeit von 5 %, dass trotzdem eine „signifikante" Differenz vorliegt. Für die 21 Tests als Gesamtheit beträgt die Wahrscheinlichkeit dann 66 %, dass eines der Ergebnisse durch Zufall eine „signifikante" Differenz anzeigt.

39.3 Wie ANOVA funktioniert

Die bei ANOVA auszuführenden Berechnungen sind recht kompliziert; daher soll hier nur der Ablauf grob beschrieben werden.

ANOVA vergleicht die Streuung *zwischen* Stichproben mit der Streuung *innerhalb von* Stichproben.

> **Beispiel**
>
> In dieser Abbildung sind die Daten von zwei Stichproben aufgetragen.
>
>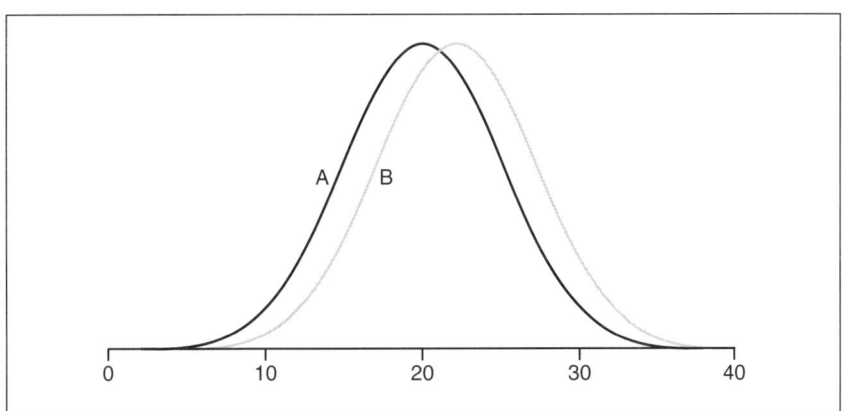
>
> Die beiden Stichproben A und B haben unterschiedliche Mittelwerte, aber beide weisen eine gleich große Streuung (Variabilität) der Werte innerhalb der Stichprobe auf. Daher könnten sie aus der gleichen Population stammen.

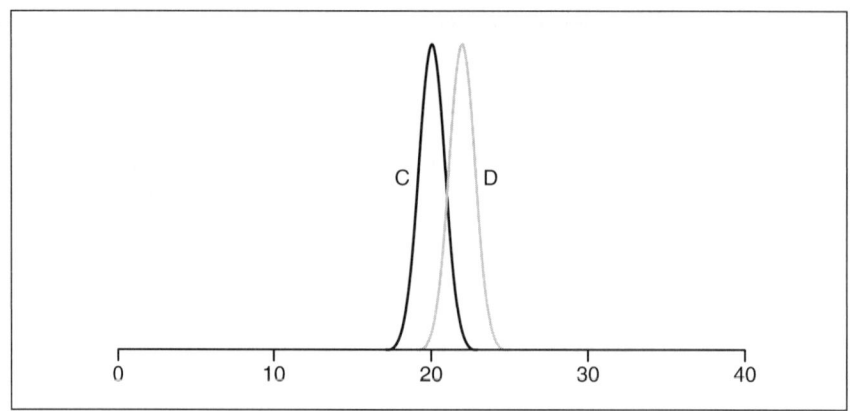

Die Stichproben C und D in der zweiten Abbildung haben dieselben Mittelwerte wie A und B im vorigen Diagramm, aber eine geringere Streuung: Sie stammen vermutlich aus einer anderen Population.

Die **Ein-Weg-ANOVA** wird verwendet, wenn Mittelwerte von mehr als zwei Stichproben zu vergleichen sind. Dabei kann man von einer Erweiterung des *t*-Tests sprechen.

Dagegen ist die **wiederholte ANOVA** das Mittel der Wahl, wenn wiederholte Messungen an der gleichen Stichprobeneinheit vorliegen.

39.4 Der *F*-Wert

Die ANOVA-Teststatistik *F* ergibt sich aus dem Verhältnis des Mittelwerts der Variationen zwischen Stichproben zum Mittelwert der Variationen innerhalb der Stichproben:

$$F = \frac{\text{Varianz zwischen den Stichproben}}{\text{Varianz innerhalb der Stichproben}}$$

Die Berechnung des *F*-Werts ist kompliziert und wird am besten mithilfe spezieller Statistiksoftware durchgeführt. Diese liefert meist auch den *P*-Wert.

Beispiel

Ein Mediziner wertet drei verschiedene Stichproben von Patienten aus, denen jeweils unterschiedliche Medikamente zum Absenken des Lipidspiegels im Blut verabreicht worden waren. Er will ermitteln, ob die im nüchternen Zustand gemessenen Cholesterol-Spiegel signifikante Differenzen zeigen. Mithilfe einer Statistiksoftware erhielt er die in der Tabelle zusammengestellten Ergebnisse.

ANOVA-Ergebnisse					
	Summe der Quadrate	FG	Mittleres Quadrat	F	Sign.
Zwischen den Gruppen	2604,205	2	1302,102	1,761	0,192
Innerhalb der Gruppen	19 228,002	26	739,539		
Summe	21 832,207	28			

Je höher der F-Wert ist, desto wahrscheinlicher ist es, dass die Differenz zwischen den Stichproben einen statistischen Unterschied aufweist. In diesem Beispiel ist $F = 1,761$ bei zwei Freiheitsgraden.

Weiterhin entnehmen wir der Tabelle, dass das Signifikanzniveau (Sign.) 0,192 ist. Also besteht eine Wahrscheinlichkeit von 19,2 %, dass die beobachteten Differenzen zwischen den Stichproben durch Zufall entstanden sind.

39.5 Unterschiedliche Stichproben herausfinden

Mithilfe von ANOVA lässt sich zwar ermitteln, ob zwischen Stichproben eine signifikante Differenz vorliegt, aber es ist nicht zu klären, *welche* dieser Stichproben diese Differenz aufweisen.

Dafür sind weitere Tests nötig, die man als **Post-hoc-Tests** bezeichnet. Auch hierfür gibt es spezielle Software, beispielsweise für die **Bonferroni-Korrektur** sowie für den **Dunnetts-Test**, den **Scheffe-Test** und den **Tukey-Test**.

Der Chi-Quadrat-Test

Die **Häufigkeit** eines Ereignisses oder des Vorliegens eines Merkmals ist die Anzahl seines Auftretens.

Die Größe χ^2 (gesprochen: „**Chi-Quadrat**") ist ein Maß für die Differenz zwischen tatsächlichen und erwarteten Häufigkeiten.

40.1 Die erwartete Häufigkeit

Diese ist die Häufigkeit, wenn zwischen Mengen von Ergebnissen *keine* Differenz vorliegt (gemäß der Nullhypothese).

Zum Vergleich von erwarteten und tatsächlichen Häufigkeiten dient die entsprechende **Kontingenztafel.**

Beispiel

In einem bestimmten Urwaldgebiet wurde festgestellt, dass von 31 Schimpansen (Stichprobe A) 15 Männchen sind. In einem anderen Gebiet sind von 60 Schimpansen (Stichprobe B) 36 Männchen. Wir wollen herausfinden, ob eine statistisch signifikante Differenz vorliegt.

Kontingenztafel für das Geschlecht der Schimpansen			
	Stichprobe A	Stichprobe B	Summe
Männchen	15	36	51
Weibchen	16	24	40
Summe	31	60	91

40.2 Berechnung von Chi-Quadrat

Die Größe Chi-Quadrat ist gegeben durch

$$\chi^2 = \sum \frac{(B - E)^2}{E}$$

Darin ist $(B - E)$ die Differenz zwischen beobachteter und erwarteter Häufigkeit, und E ist die erwartete Häufigkeit. Das Zeichen Σ (Sigma) ist wie üblich das Symbol für die Summenbildung.

Beispiel

Im obigen Beispiel mit den Schimpansen ist die erwartete Häufigkeit E der Männchen in der Stichprobe A gegeben durch

$$E_{MA} = \frac{\text{(ges. Anzahl Männchen)} \times \text{(ges. Anzahl in der Stichprobe A)}}{\text{gesamte Anzahl Schimpansen}}$$

Also ist

$E_{MA} = 51 \times 31/91 = 17{,}374$ für Männchen in der Stichprobe A,
$E_{WA} = 40 \times 31/91 = 13{,}626$ für Weibchen in der Stichprobe A,
$E_{MB} = 51 \times 60/91 = 33{,}626$ für Männchen in der Stichprobe B,
$E_{WB} = 40 \times 60/91 = 26{,}374$ für Weibchen in der Stichprobe B.

Zum Berechnen von χ^2 mit der obigen Formel müssen wir:

- die erwarteten von den beobachteten Häufigkeiten subtrahieren,
- jede dieser Differenzen quadrieren,
- jede quadrierte Differenz durch den jeweils erwarteten Wert dividieren,
- die Ergebnisse aufsummieren.

Diese Berechnungen sind in der Tabelle gezeigt.

Berechnung von χ^2 für das Schimpansen-Beispiel					
	Beobachtete Häufigkeit B	Erwartete Häufigkeit E	$B - E$	$(B - E)^2$	$\dfrac{(B - E)^2}{E}$
Männchen in Stichprobe A	15	17,374	−2,374	5,636	0,3244
Weibchen in Stichprobe A	16	13,626	2,374	5,636	0,4136
Männchen in Stichprobe B	36	33,626	2,374	5,636	0,1676
Weibchen in Stichprobe B	24	26,374	−2,374	5,636	0,2137
				$\sum \dfrac{(B - E)^2}{E} = 1{,}1193$	

Also ist, auf drei gültige Stellen angegeben, $\chi^2 = 1{,}12$.

40.3 Berechnung des Signifikanzniveaus

Sobald wir den Wert von χ^2 kennen, können wir das Signifikanzniveau berechnen.

Das Signifikanzniveau für χ^2 hängt von der Anzahl FG der Freiheitsgrade ab, die in Kapitel 31 erläutert wurde.

Die Anzahl der Freiheitsgrade ist beim vorliegenden Test die um 1 verminderte Anzahl der Zeilen in der Tabelle, multipliziert mit der um 1 verminderten Anzahl der Spalten in der Tabelle:

FG = (Anzahl der Zeilen − 1) × (Anzahl der Spalten − 1)

Kritische Werte für χ^2 (gewöhnlich als X^2 bezeichnet) sind in Anhang 3 zusammengestellt.

In unserem Schimpansen-Beispiel hat die Tabelle zwei Zeilen (für Männchen und Weibchen) sowie zwei Spalten (Stichproben A und B), sodass gilt:

$$FG = (2 - 1) \times (2 - 1) = 1$$

Der Tabelle in Anhang 3 entnehmen wir für das 5-%-Signifikanzniveau und FG = 1 den kritischen Wert $\chi^2 = 3{,}84$.

Im vorliegenden Fall ist χ^2 mit nur 1,12 recht klein; also ist das Ergebnis nicht signifikant, und die Nullhypothese kann aufrecht erhalten werden.

40.4 Andere Tests für Kontingenztafeln

Die Analyse von Kontingenztafeln kann anstatt mit dem χ^2-Test auch mit dem **Fisher'schen Exakt-Test** durchgeführt werden. Er ist am besten für 2-mal-2-Tabellen geeignet, wenn die erwarteten Häufigkeiten unter 5 liegen.

Beim χ^2-Test sind die Berechnungen einfacher. Jedoch liefert er nur einen angenäherten *P*-Wert und ist für kleine Stichproben ungeeignet. Am χ^2-Test können die **Yates'sche Kontinuitätskorrektur** oder andere Anpassungen vorgenommen weredn, um die Genauigkeit des *P*-Werts zu steigern.

Der **Mantel-Haenszel-Test** ist eine Erweiterung des χ^2-Tests, mit der verschiedene Zwei-Wege-Tafeln verglichen werden.

Testen Sie Ihr Wissen

Die Lösungen finden Sie auf Seite 185.

Aufgabe 40.1
Ein Bakteriologe impft 480 Petrischalen mit *E.-coli*-Bakterien. 240 der Petrischalen enthalten ein Standard-Kulturmedium, 240 weitere ein Kulturmedium neuer Art. Nach 3 Tagen überprüft er bei jeder Petrischale, ob Bakterienkolonien vorliegen oder nicht. Die Ergebnisse sind in der Tabelle zusammengestellt.

Auswirkungen der Art des Kulturmediums auf das *E.-coli*-Wachstum			
	Art des Kulturmediums		Summe
	Standard	Neu	
Bakterienkolonien nach 3 Tagen vorhanden	144	160	304
Keine Bakterienkolonien nach 3 Tagen vorhanden	96	80	176
Summe	240	240	480

Berechnen Sie den χ^2-Wert. Ein Rechner ist dabei sehr nützlich.

Aufgabe 40.2
Stellen Sie fest, ob der in Aufgabe 40.1 berechnete χ^2-Wert signifikant ist. Schlagen Sie dazu in der Tabelle von Anhang 3 nach.

Korrelation

Wenn zwischen zwei Variablen eine lineare Beziehung vorliegt, so spricht man von einer **Korrelation** zwischen ihnen.

41.1 Positive oder negative Korrelation?

Ein **positiver** Korrelationskoeffizient bedeutet, dass der Wert einer Variablen zunimmt, wenn der Wert der anderen Variablen zunimmt. Der Graph zeigt dann eine von links nach rechts ansteigende Gerade.

> **Beispiel**
>
> Die Tageslänge und das Pflanzenwachstum weisen eine positive Korrelation auf: Pflanzen wachsen schneller, wenn sie dem Sonnenlicht länger ausgesetzt sind.
>
>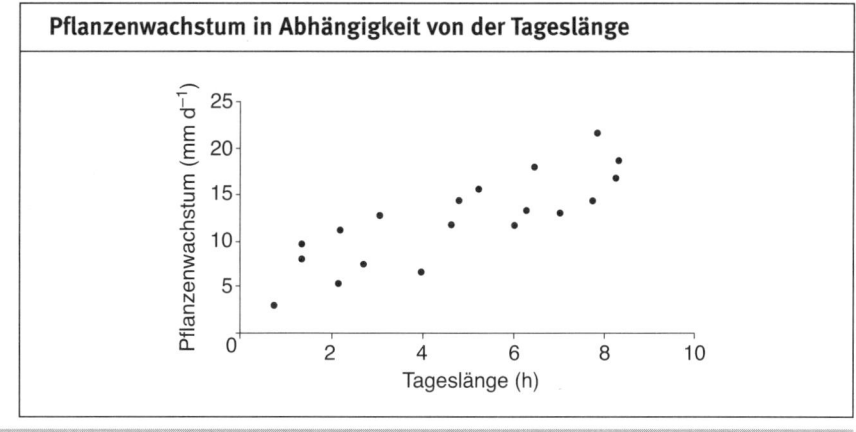
>
> **Pflanzenwachstum in Abhängigkeit von der Tageslänge**

Ein **negativer** Korrelationskoeffizient bedeutet, dass der Wert einer Variablen zunimmt, wenn der Wert der anderen Variablen abnimmt. Der Graph zeigt dann eine von links nach rechts abfallende Gerade.

> **Beispiel**
>
> Höhere Verschmutzungsgrade gehen mit sinkendem Ernteertrag einher; also liegt zwischen den beiden Variablen eine negative Korrelation vor.

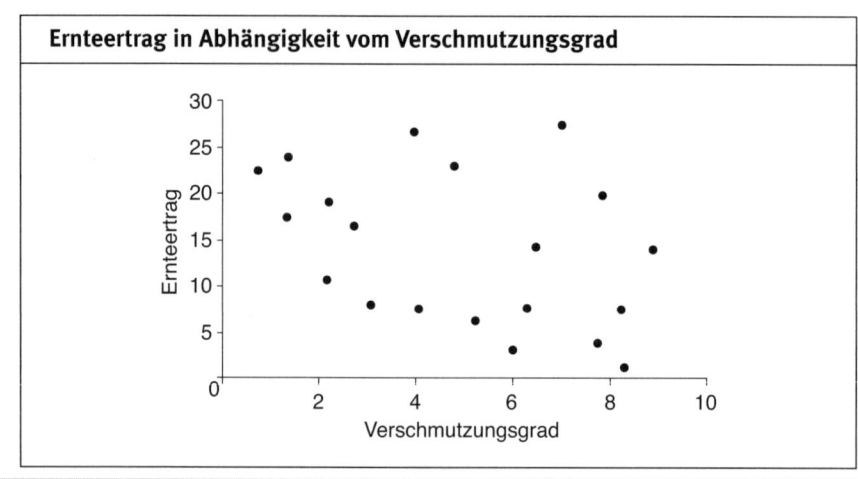

41.2 Der Korrelationskoeffizient

Ein Maß für die Stärke einer Korrelation ist der **Korrelationskoeffizient**. Er wird gewöhnlich mit dem griechischen Kleinbuchstaben ρ (rho) bezeichnet, zuweilen aber auch mit r.

Besteht zwischen den beiden Variablen eine sozusagen perfekte Beziehung, dann ist $\rho = 1$. In diesem Fall ist die Korrelation positiv. Bei einer perfekten negativen Korrelation ist entsprechend $\rho = -1$. Wenn überhaupt keine Korrelation vorliegt (d. h. die Punkte im Diagramm praktisch zufällig verstreut sind), dann ist $\rho = 0$.

Der Betrag des Korrelationskoeffizienten kann nur mehr oder weniger subjektiv interpretiert werden. Die folgende Aufstellung gibt jedoch eine nützliche Faustregel, die entsprechend auch für negative Korrelationen gilt.

$\rho = 0 - 0{,}2$	Sehr schwache Korrelation, wahrscheinlich bedeutungslos
$\rho = 0{,}2 - 0{,}4$	Schwache Korrelation, die eine weitere Überprüfung rechtfertigen könnte
$\rho = 0{,}4 - 0{,}6$	Deutliche Korrelation
$\rho = 0{,}6 - 0{,}8$	Hohe Korrelation
$\rho = 0{,}8 - 1{,}0$	Sehr hohe Korrelation; eventuell zu hoch! Es ist auf Fehler oder andere Gründe für eine derart starke Korrelation zu prüfen.

Beispiel

Aus den im ersten Beispiel des vorigen Abschnitts gegebenen Werten der Tageslänge und des Pflanzenwachstums ergibt sich $\rho = 0{,}8$, was auf eine hohe Korrelation hindeutet.

Dagegen ist die Korrelation zwischen Pflanzenwachstum und Verschmutzungsgrad (siehe das zweite Beispiel) mit $\rho = -0{,}39$ deutlich schwächer.

41.3 Berechnung des Korrelationskoeffizienten

Wir müssen die Mittelwerte für beide Datensätze berechnen:

$\bar{x}$ und $\bar{y}$

Für jeden Wert von x und y berechnen wir dann

$x - \bar{x}$ bzw. $y - \bar{y}$

Die Ergebnisse setzen wir in die Formel für den Korrelationskoeffizienten ein:

$$\rho = \frac{\sum(x - \bar{x})(y - \bar{y})}{\sqrt{\sum(x - \bar{x})^2 \sum (y - \bar{y})^2}}$$

Beispiel

Ein Biomediziner untersuchte bei mehreren Patienten, wie stark die Korrelation zwischen dem Blutglucose-Spiegel und HbA_{1c} ist. (Die letztgenannte Größe ist ein Maß dafür, wie stark Glucose an Hämoglobinmoleküle gebunden wird.) Die Werte und ihre Mittelwerte wurden an einer Stichprobe von acht Patienten mit Diabetes mellitus ermittelt; siehe Tabelle

Blutglucose-Spiegel und HbA_{1c} bei acht Patienten mit Diabetes mellitus		
Patient	Blutglucosespiegel $(mmol\ l^{-1})$	HbA_{1c} (%)
A	5,1	5,8
B	4,6	6,9
C	6,3	8,3
D	8,3	6,1
E	9,7	7,8
F	12,0	8,4
G	12,7	10,8
H	14,1	9,1
Mittelwert	9,1 $(\bar{y})$	7,9 $(\bar{x})$

Der Vergleich der Messwertpaare ergab den folgenden Graphen:

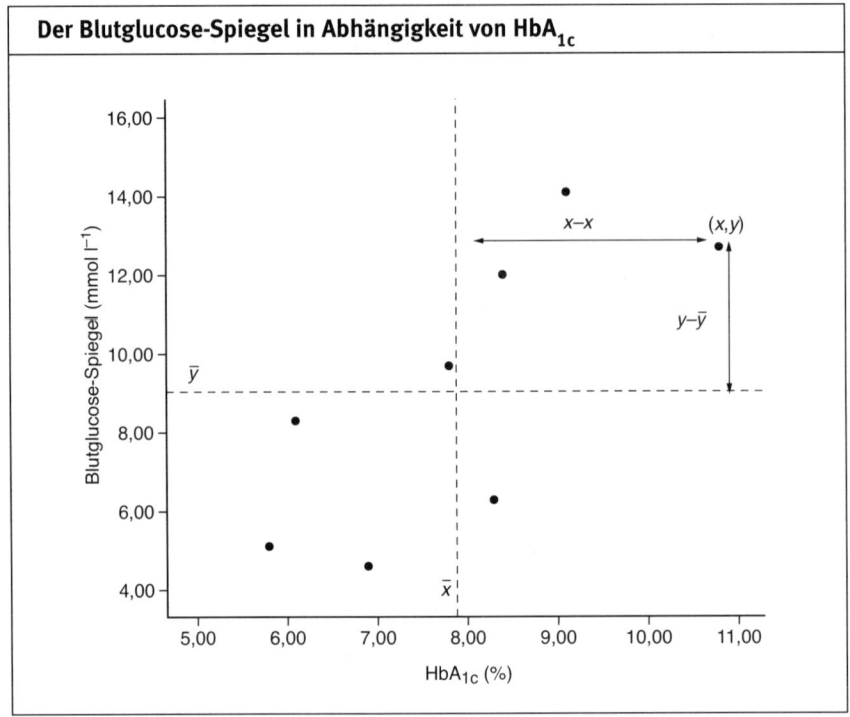

Der Blutglucose-Spiegel in Abhängigkeit von HbA$_{1c}$

Die gestrichelte senkrechte und die gestrichelte waagerechte Linie geben die Mittelwerte $\bar{x}$ und $\bar{y}$ an, und die Pfeile deuten die Werte von $x - \bar{x}$ und $y - \bar{y}$ für einen der Patienten an.

Mit den Werten von x und y aus der vorigen Tabelle können wir eine neue Tabelle mit den in die Gleichung einzusetzenden Werten aufstellen. (Zur besseren Übersicht lasen wir die Einheiten weg.)

Berechnete Abweichungen und deren Quadrate				
Patient	$x - \bar{x}$	$y - \bar{y}$	$(x - \bar{x})$	$(y - \bar{y})$
A	−2,1	−4,0	4,41	16,00
B	−1,0	−4,5	1,00	20,25
C	0,4	−2,8	0,16	7,84
D	−1,8	− 0,8	3,24	0,64
E	− 0,1	0,6	0,01	0,36
F	0,5	2,9	0,25	8,41
G	2,9	3,6	8,41	12,96
H	1,2	5,0	1,44	25,00

Einsetzen der Werte der Tabelle in die Formel für den Korrelationskoeffizienten ergibt (wiederum ohne Angabe der Einheiten von x und y):

$$\rho = \frac{\sum(x-\bar{x})(y-\bar{y})}{\sqrt{\sum(x-\bar{x})^2 \sum(y-\bar{y})^2}} = \frac{31,05}{\sqrt{91,46 \times 18,92}} = 0,7464$$

Der Wert $\rho = 0,75$ lässt auf eine hohe Korrelation zwischen Blutglucose-Spiegel und HbA_{1c} schließen.

41.4 Beschränkungen der Korrelation

Eine Korrelation besagt ja, wie stark die Verknüpfung zwischen den Variablen ist. Sie gibt jedoch keinen Aufschluss über Ursache und Auswirkung in dieser Verknüpfung.

Beim Interpretieren der Signifikanz von Korrelationen ist Vorsicht angebracht. Wenn eine Korrelation signifikant ist, müssen wir auch ihre Stärke beachten. Bei einer ausreichend groß angelegten Studie kann sogar eine schwache Korrelation ein hohes Signifikanzniveau haben.

Außerdem ist zu berücksichtigen, dass eine Korrelation nur Aussagen über lineare (im Graphen geradlinige) Beziehungen zwischen Variablen ermöglicht. Zwei Variablen können auch dann miteinander verknüpft sein, wenn zwischen ihnen keine lineare Beziehung besteht, sodass sich hierfür ein geringer Korrelationskoeffizient ergäbe.

Testen Sie Ihr Wissen

Die Lösung finden Sie auf Seite 185.

Aufgabe 41.1
Ein Biologe bestimmte den Mittelwert der Keimbildungsraten bei Samenkörnern des Rittersporns, *Delphinium cardinale*, die zu verschiedenen Zeiten nach der Ernte eingepflanzt wurden.
Berechnen Sie den Korrelationskoeffizienten ρ.

Keimbildungsrate bei Samenkörnern von *Delphinium cardinale* zu verschiedenen Zeiten nach der Ernte		
	Keimbildungsrate (%)	Zeit der Einpflanzung nach der Ernte (Monate)
	60	0
	53	4
	52	8
	38	12
	32	16
Mittelwert	47	8

Regressionsanalyse

Mit dieser Methode wird quantitativ ermittelt, wie ein Datensatz mit einem anderen zusammenhängt. Man wendet sie an, wenn eine der Variablen von der anderen, der unabhängigen Variablen abhängt.

42.1 Lineare Regression

Eine **lineare Regression** wird angewandt, wenn zwischen den Variablen eine lineare (im Graphen geradlinige) Beziehung besteht oder vermutet wird.

> **Beispiel**
>
> Beim Menschen ist die Größe HbA_{1c} ein Maß dafür, wie stark Glucose an Hämoglobinmoleküle gebunden wird. Sie hängt vom Blutglucose-Spiegel ab.
>
> In der Abbildung von Abschnitt 41.3 wurde deutlich, dass die Beziehung linear ist. Daher können wir die lineare Regression anwenden, um den Zusammenhang zu untersuchen.

42.2 Die Ausgleichs- oder Regressionsgerade

In Abschnitt 21.4 haben wir gesehen, wie die **Ausgleichsgerade** einen Trend in einem Einzelpunktdiagramm (engl. *scatter plot*) deutlich machen kann.

Wir können die Steigung m (den Gradienten) der Ausgleichsgeraden berechnen. Außerdem können wir sie bis zu ihrem Schnittpunkt mit der y-Achse verlängern, um die Konstante c zu ermitteln. Damit haben wir die beiden Parameter m und c in der Geradengleichung $y = mx + c$ ermittelt (siehe Kapitel 8).

Die Regressionsanalyse ist nun der Vorgang, bei dem die Gleichung der Ausgleichs- oder Regressionsgeraden aus den Koordinaten der Einzelpunkte berechnet wird.

Der **Regressionskoeffizient** ist der *Gradient* der Regressionsgeraden, gibt also an, wie sich der Wert eines Ergebnisses pro Einheitsänderung der anderen Variablen ändert.

Die **Regressionskonstante** gibt die *Höhe* der Geraden im Diagramm an, genauer gesagt, ihren Schnittpunkt mit der vertikalen Achse.

Somit lautet die Gleichung der Regressionsgeraden

$$y = mx + c$$

Darin ist x die unabhängige und y die abhängige Variable; ferner ist m der Regressionskoeffizient und c die Regressionskonstante.

42.3   Berechnung der Regressionsgeraden

Die Regressions- oder Ausgleichsgerade ist dadurch gekennzeichnet, dass die gesamten Abweichungen d aller einzelnen Punkte von ihr möglichst gering sind. In der Abbildung ist die Summe der Abweichungen nach oben gleich der Summe der Abweichungen nach unten. So einfach wird eine Ausgleichsgerade in der Praxis jedoch nicht bestimmt.

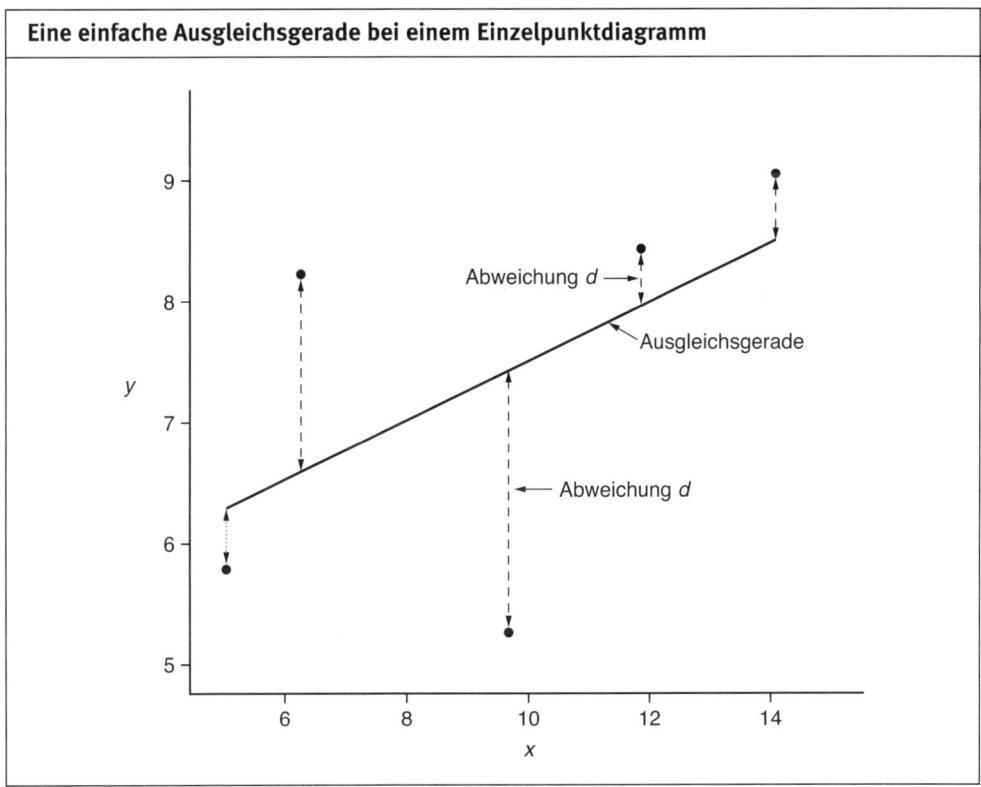

Eine einfache Ausgleichsgerade bei einem Einzelpunktdiagramm

Bei der **linearen Regression** wird gewöhnlich die **Methode der kleinsten Quadrate** angewandt. Das bedeutet, nicht die Summe der Abweichungen, sondern die Summe von deren *Quadraten* muss möglichst klein sein.

Der Regressionskoeffizient m wird mit folgender Formel berechnet:

$$m = \frac{\sum (x - \bar{x})(y - \bar{y})}{\sum (x - \bar{x})^2}$$

Weil die Regressionsgerade stets durch die Mittelwerte $\bar{x}$ und $\bar{y}$ von x bzw. y verläuft, können wir $\bar{x}$ und $\bar{y}$ sowie den Regressionskoeffizienten m in die Gleichung für die Regressionsgerade einsetzen:

$$\bar{y} = m\bar{x} + c$$

Damit können wir die Regressionskonstante c berechnen.

Sobald die Regressionskonstante c und der Regressionskoeffizient m bekannt sind, kann für jeden gegebenen Wert von x der Wert von y berechnet werden, der der Regressionsgleichung gehorcht.

Beispiel

Wir wollen quantitativ bestimmen, wie sich die Höhe über dem Meeresspiegel auf die Vielfalt an Bäumen und Sträuchern auswirkt, also auf die gesamte Anzahl von deren Arten.

Wir nehmen unsere Zählungen an acht quadratischen Waldflächen mit ähnlich altem Bewuchs vor, bei denen außerdem die forstlichen Maßnahmen vergleichbar waren. Die Tabelle enthält die Ergebnisse der Zählungen.

Anzahl der Baum- und Straucharten in verschiedenen Höhen		
Quadrat in der Waldfläche	Höhe (m)	Anzahl der Baum- und Straucharten
A	40	58
B	90	55
C	150	33
D	160	46
E	250	31
F	360	29
G	420	16
H	610	4
Mittelwert	260	34

Wir setzen diese Werte in die Formel für den Regressionskoeffizienten ein und erhalten

$$m = \frac{\sum(x - \bar{x})(y - \bar{y})}{\sum(x - \bar{x})^2} = \frac{-23790}{257600} = -0{,}0924$$

Dies und die Mittelwerte aus der Tabelle setzen wir in die Geradengleichung $\bar{y} = m\bar{x} + c$ ein. Das ergibt

$$34 = (-0{,}0924) \times 260 + c$$

und damit schließlich $c = 58{,}0$.

In der Abbildung ist die Regressionsgerade eingezeichnet.

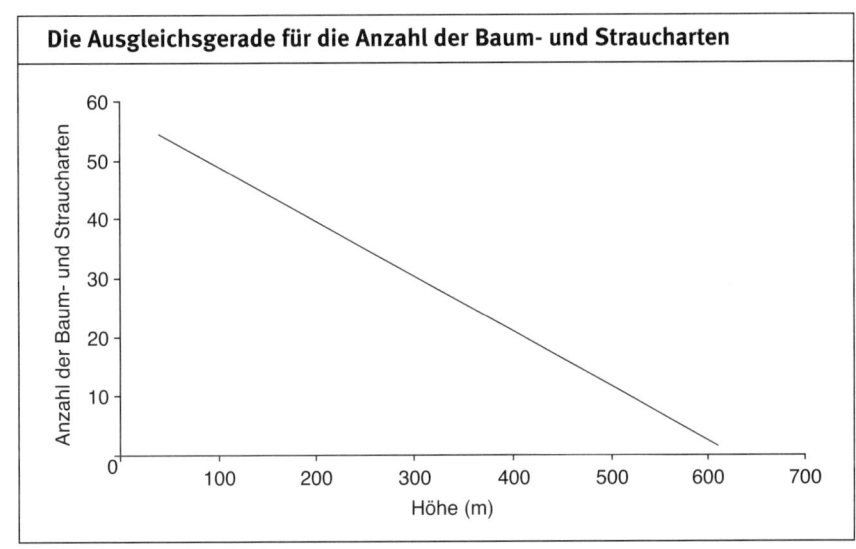

Die Ausgleichsgerade für die Anzahl der Baum- und Straucharten

Dem Diagramm können wir entnehmen, welche Gesamtanzahl von Baum- und Straucharten für irgendeine Höhe zu erwarten ist. Wir können sie aber auch direkt mit der Gleichung $y = -0{,}0924\,x + 58$ berechnen.

Bei einer Höhe von beispielsweise 300 m ist sie

$$y = -(0{,}0924 \times 300) + 58 \approx 30$$

42.4 Andere Größen bei der Regression

Wir können auch den **Standardfehler** einer Abschätzung für den Regressionskoeffizienten und die Regressionskonstante berechnen. Sein Wert gibt die Genauigkeit an, die den Berechnungen zuzuschreiben ist.

Wenn eine erhebliche Streuung vorliegt, kann auch das **Signifikanzniveau** der Regression berechnet werden, d. h. die Wahrscheinlichkeit, dass der berechnete Gradient sich signifikant von null unterscheidet.

Weiterhin ist der R^2-**Wert** nützlich. Er gibt an, wie stark eine Änderung der abhängigen Variablen von einer Änderung der unabhängigen Variablen abhängt.

> **Beispiel**
>
> Für das obige Beispiel gilt:
>
> - Der Standardfehler der Abschätzung beträgt 6,10.
> - Er ist auf $P < 0{,}001$ signifikant, und es ist daher sehr wahrscheinlich, dass der Gradient von null verschieden ist.
> - Der R^2-Wert beträgt 0,91; das bedeutet, dass ein Anteil von 91 % der Variation in der Anzahl der Arten auf die Änderung der Höhe zurückzuführen ist.

42.5 Andere Arten der Regression

Bisher haben wir die lineare Regression besprochen, bei der die Ausgleichskurve eine Gerade ist. Viele Beziehungen, auch in der Biologie, müssen aber mit gekrümmten Ausgleichskurven beschrieben werden.

Allerdings lassen sich diese in Geraden umwandeln, beispielsweise wenn man nicht die Werte, sondern ihre Logarithmen aufträgt.

Andere Formen der Regression sind beispielsweise die logistische Regression und die Poisson'sche Regression.

Die **logistische Regression** wird verwendet, wenn jedes Element (jeder Fall) in einer Stichprobe nur zu einer von zwei Gruppen gehören kann (z. B. krank oder gesund), wobei das Ergebnis die Wahrscheinlichkeit ist, dass ein Fall zu der einen Gruppe und nicht zur anderen gehört.

Die **Poisson'sche Regression** dient insbesondere dazu, die Zeit zwischen seltenen Ereignissen zu untersuchen.

42.6 Vorsicht ...

Aus der Regression dürfen keine Aussagen über Bereiche abgeleitet werden, die außerhalb des Bereichs der ursprünglichen Daten liegen. Im obigen Beispiel mit den Baum- und Straucharten sind nur Folgerungen für Höhen zwischen 40 m und 610 m zulässig.

42.7 Regression oder Korrelation?

Regression und Korrelation können leicht verwechselt werden.

Die Korrelation gibt die *Stärke* der Verknüpfung an, die zwischen Variablen besteht.

Die Regression gibt die Verknüpfung *quantitativ* an. Sie sollte nur verwendet werden, wenn eine der Variablen der anderen vorausgeht oder sie bestimmt.

Testen Sie Ihr Wissen

Die Lösung finden Sie auf Seite 186.

Aufgabe 42.1

Große warmblütige Tiere haben geringere Ruhepulse als kleine.

Setzen Sie für die in der Tabelle gegebenen Werte eine lineare Regression an. Logarithmieren Sie dazu zunächst jeden Wert und berechnen Sie dann den Regressionskoeffizienten und die Regressionskonstante.

Vergleich von Körpermasse und Ruhepuls bei verschiedenen Arten		
Art	Masse (kg)	Ruhepuls (min^{-1})
Maus	0,02	700
Ratte	0,2	400
Katze	5	150
Hund	10	120
Mensch	70	70
Pferd	450	40

Berechnen Sie den Ruhepuls, den nach Ihren Ergebnissen ein warmblütiges Tier mit der Masse 15 kg haben sollte.

43 Bayes'sche Statistik

Die **Bayes'sche** Analyse unterscheidet sich grundlegend von dem klassischen, von den Häufigkeiten ausgehenden Ansatz der Statistik, wie er in diesem Buch erläutert wurde.

Die Bayes'sche Methode wird in letzter Zeit häufiger angewendet, beispielsweise in der Strukturbiologie.

43.1 A-priori- und A-posteriori-Verteilungen

Bei der Bayes'schen Statistik wird die Stichprobe der Daten nicht für sich betrachtet, sondern es wird mithilfe bereits verfügbarer Informationen eine **A-priori-Verteilung** (Anfangsverteilung) aufgestellt. Beispielsweise kann ein Forscher der anfänglichen Meinung und der Erfahrung sowie früheren Forschungsergebnissen jeweils einen Zahlenwert sowie eine Gewichtung zuschreiben.

Ein Gesichtspunkt ist dabei, dass verschiedene Wissenschaftler den gleichen früheren Feststellungen unterschiedliche Gewichtungen zuschreiben können.

Die neuen Stichprobendaten dienen dann dazu, diese Anfangsinformation anzupassen, um eine **A-posteriori-Verteilung** (Endverteilung) zu erzeugen. Dann haben diese resultierenden Zahlen *sowohl* die unvereinbaren alten Daten *als auch* die neuen Daten berücksichtigt.

Lösungen der Aufgaben

Lösung 2.1
Die Faktoren von 18 sind 1, 2, 3, 6, 9 und 18.
Die Faktoren von 21 sind 1, 3, 7 und 21.
Die Faktoren von 24 sind 1, 2, 3, 4, 6, 8, 12 und 24.
Der größte gemeinsame Faktor ist 3.

Lösung 2.2
$7\,(4+3)\,(5-2) = 7 \times 7 \times 3 = 147$.

Lösung 2.3
Um die eingeklammerte Summe zu berechnen, müssen wir die Division vor der Addition ausführen und erhalten $16\,(4) - 10/5$.
Die Division und die Multiplikation führen zu $64 - 2$, und das Ergebnis ist 62.

Lösung 2.4
21 hat vier Faktoren, nämlich 1, 3, 7 und 21, und ist damit *keine* Primzahl.
22 hat vier Faktoren, nämlich 1, 2, 11 und 22, und ist damit *keine* Primzahl.
23 hat nur die beiden Faktoren 1 und 23; also *ist* sie eine Primzahl.

Lösung 2.5
7 zum Quadrat ist $7^2 = 7 \times 7 = 49$. Daher ist die Fläche $(7\,\text{m}) \times (7\,\text{m}) = 49\,\text{m}^2$.

Lösung 2.6
Es ist $8 \times 8 = 64$. Also ist die Quadratwurzel $\sqrt{64} = \pm 8$. Ein negativer Wert ist hier nicht sinnvoll, und das Quadrat ist 8 m mal 8 m groß.

Lösung 2.7
Wir berechnen zuerst die Kubikzahl von 40 und erhalten $40^3 = 40 \times 40 \times 40 = 64\,000$. Also ist das Volumen $(40\,\text{mm}) \times (40\,\text{mm}) \times (40\,\text{mm}) = 64\,000\,\text{mm}^3$.

Lösung 2.8
Es ist $4 \times 4 \times 4 = 64$. Also ist die dritte Wurzel $\sqrt[3]{64} = 4$. Die Probe hat daher die Abmessungen 4 mm mal 4 mm mal 4 mm.

Lösung 3.1
$\dfrac{5}{6} \times 72 = 60$

Lösung 3.2
20 und 24 haben den gemeinsamen Faktor 4, sodass wir erhalten:
$$\frac{20}{24} = \frac{20 : 4}{20 : 4} = \frac{5}{6}$$

Lösung 3.3
Der Kehrwert von $\dfrac{24}{28}$ ist $\dfrac{28}{24}$.

Das kann vereinfacht werden zu $\dfrac{7}{6}$.

Lösung 3.4
$$\frac{2}{5} \times \frac{9}{10} = \frac{2 \times 9}{5 \times 10} = \frac{18}{50} = \frac{9}{25}$$

Lösung 3.5
$$\frac{2}{5} : \frac{9}{10} = \frac{2}{5} \times \frac{10}{9} = \frac{2 \times 10}{5 \times 9} = \frac{20}{45} = \frac{4}{9}$$

Lösung 3.6
Hier ist 14 der kleinste gemeinsame Nenner.
$$\frac{6 \times 2}{7 \times 2} + \frac{9}{14} = \frac{12}{14} + \frac{9}{14} = \frac{21}{14} = \frac{3}{2}$$

Lösung 3.7
Der kleinste gemeinsame Nenner von 12 und 8 ist 24.
$$\frac{11 \times 3}{8 \times 3} - \frac{7 \times 2}{12 \times 2} = \frac{33}{24} - \frac{14}{24} = \frac{33-14}{24} = \frac{19}{24}$$

Lösung 4.1
40 % von 375 sind $\left(\dfrac{40}{100}\right) \times 375 = 150$.

Die Probe enthielt zu Beginn 150 g Wasser.

Lösung 4.2
Die maximale Atemgeschwindigkeit war um 160 Liter pro Minute angestiegen.
$$\frac{160}{400} \times 100\,\% = 40\,\%$$
Die Geschwindigkeit war *um* 40 % angestiegen. Das bedeutet, sie hatte *auf* 140 % ihres Anfangswerts zugenommen (nämlich auf die mit 100 % anzusetzende ursprüngliche Geschwindigkeit, plus dem Anstieg um 40 %).

Lösung 4.3
Eine Verminderung um 18 % bedeutet, dass noch 82 % der ursprünglichen Masse vorhanden sind (weil gilt: $100\,\% - 18\,\% = 82\,\%$).
82 % von 900 g entsprechen $0{,}82 \times (900\,\text{g}) = 738\,\text{g}$.

Lösung 4.4
Die Konzentration in der Zelle war um 888 Millionen Zellen pro ml angestiegen. Das entspricht einem Anteil von $(888/24)$ der ursprünglichen Konzentration.
Die prozentuale Zunahme betrug also $(888/24) \times (100\,\%) = 3700\,\%$.

Lösung 5.1
Wir verschieben das Dezimalkomma um vier Stellen nach rechts, sodass sich die Zehnerpotenz 10^{-4} ergibt. Der Messwert beträgt $4{,}5 \times 10^{-4}\,\text{m}$.

Lösung 5.2
Das Verschieben des Dezimalkommas um neun Stellen nach rechts und die entsprechende Verminderung der Zehnerpotenz ergibt für die ungefähre Anzahl der Basenpaare 3 000 000 000.

Lösung 5.3
Die Anzahl der Einwohner pro Quadratkilometer ist $150/\text{km}^2 = 1{,}5 \times 10^2/\text{km}^2$.
Die Fläche des Gebiets ist $(40 \,\text{km})(40 \,\text{km}) = 1600 \,\text{km}^2 = 1{,}6 \times 10^3 \,\text{km}^2$.
Wir multiplizieren die Anzahl an Einwohnern pro Fläche mit der Fläche und erhalten
$(1{,}5 \times 10^2/\text{km}^2)(1{,}6 \times 10^3 \,\text{km}^2) = (1{,}5 \times 1{,}6)(10^{2+3})$
$= 2{,}4 \times 10^5$
Das ist die Anzahl der Einwohner im genannten Gebiet.

Lösung 6.1
Der Wert 1,050 m ist auf vier gültige Stellen angegeben.

Lösung 6.2
$(58{,}44 \,\text{g}) / (0{,}137 \,\text{m}^3) = 426{,}569 \,\text{g}\,\text{m}^{-3}$.
Der am wenigsten genaue Wert ist der des Wasservolumens, das auf drei gültige Stellen angegeben ist. Daher darf auch die Konzentration nur auf drei gültige Stellen angegeben werden: $427 \,\text{g}\,\text{m}^{-3}$.

Lösung 6.3
Der Fehler beträgt $\pm 0{,}5 \,\text{g}$, sodass die tatsächliche Masse irgendwo zwischen 55,5 g und ganz knapp unter 56,5 g liegt.

Lösung 7.1

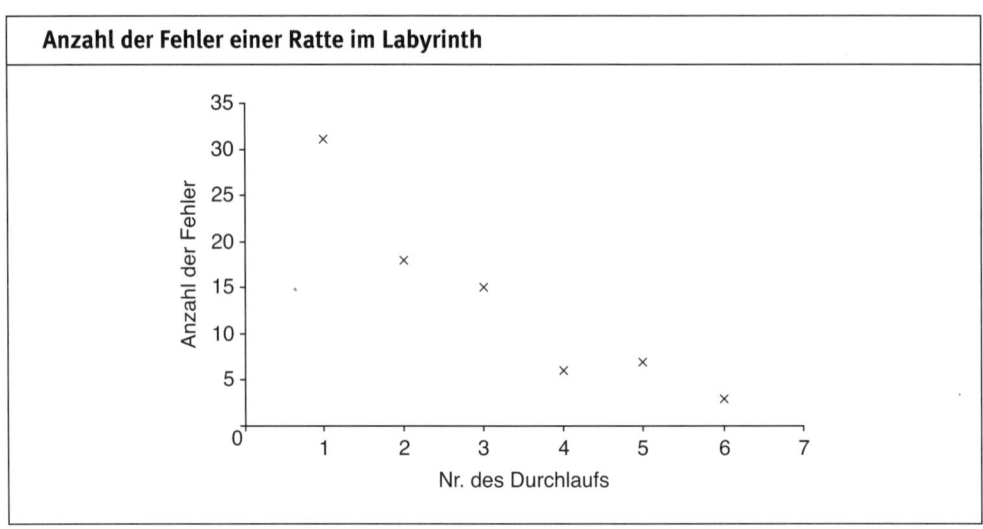

Lösung 8.1
Wir können irgendeinen Abschnitt des Graphen verwenden, beispielsweise von $x = 10 \,\text{min}$ bis $x = 50 \,\text{min}$. Hierfür ändert sich der y-Wert von 5000 m auf 25 000 m. Der Gradient ist also
$$\frac{y_2 - y_1}{x_2 - x_1} = \frac{25\,000\,\text{m} - 5000\,\text{m}}{50\,\text{min} - 10\,\text{min}} = 500 \,\text{m}\,\text{min}^{-1}$$
Wir rechnen die Einheit in km/h (bzw. $\text{km}\,\text{h}^{-1}$) um:
$500 \,\text{m}\,\text{min}^{-1} = (500 \,\text{m}\,\text{min}^{-1}) \times (60 \,\text{min}\,\text{h}^{-1})$
$= 30\,000 \,\text{m}\,\text{h}^{-1} = 30 \,\text{km}\,\text{h}^{-1}$

Lösung 8.2
Die Formel für einen geradlinigen Graphen ist
$y = mx + c$.
Wir setzen ein:
für y die Größe (Länge) L des Babys in Millimeter (mm);
für m die Wachstumsgeschwindigkeit (10 mm/w, wobei das w für die Einheit Woche stehen soll);
für x das Alter A in Wochen (w);
für c die Größe bei der Geburt (500 mm).
Damit lautet die Gleichung für das Wachstum:
$L = (10 \,\text{mm/w}) A + 500 \,\text{mm}$.
Die Werte sind in der Abbildung aufgetragen.

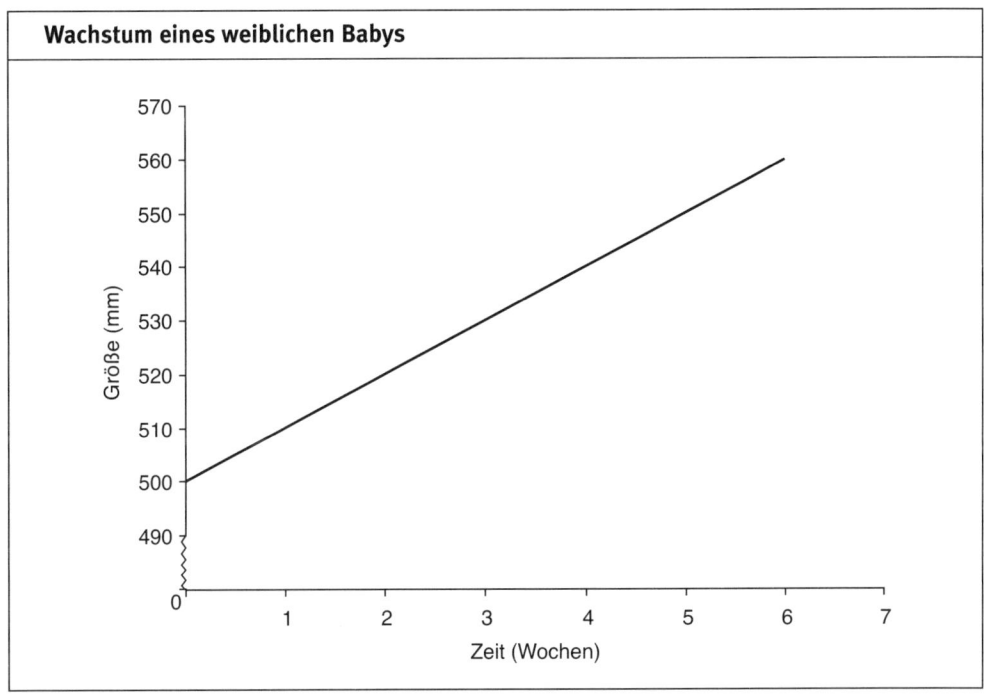

Wachstum eines weiblichen Babys

Lösung 8.3
Wir berechnen zunächst den Gradienten. Vom Ende des ersten bis zum Ende des zweiten Jahres ist das Bäumchen von 200 mm auf 400 mm gewachsen. Damit ist der Gradient

$$\frac{y_2 - y_1}{x_2 - x_1} = \frac{400\,\text{mm} - 200\,\text{mm}}{3\,\text{a} - 1\,\text{a}} = 100\,\text{mm/a}$$

Darin steht das a (abgeleitet vom lateinischen Wort *annum*) für die Einheit Jahr.
Die Geradengleichung lautet damit
$y = (100\,\text{mm/a})\,x + c$.
Einsetzen der Höhe ($y = 200\,\text{mm}$) nach dem ersten Jahr ($x = 1\,\text{a}$) ergibt
$200\,\text{mm} = (100\,\text{mm/a}) \times (1\,\text{a}) + c = 100\,\text{mm} + c$
Die Höhe des Schößlings beim Einsetzen war also
$c = 200\,\text{mm} - 100\,\text{mm} = 100\,\text{mm}$.

Lösung 9.1
Die Summation gleicher Potenzen von a ergibt
$27\,a^5 + 2\,a^3 + 5\,a^2 + 7\,a$.
Das kann weiter vereinfacht werden zu
$a\,(27\,a^4 + 2\,a^2 + 5\,a + 7)$.

Lösung 9.2
$$\frac{a^2 b}{a^3} \times \frac{a^4 b^2}{b^3} = \frac{a^{2+4}\,b^{1+2}}{a^3 b^3} = \frac{a^6 b^3}{a^3 b^3} = a^{6-3}\,b^{3-3}$$
$$= a^3 b^0 = a^3$$

Lösung 9.3
Zähler und Nenner haben den gemeinsamen Faktor $a^2 b^3 (c + 2\,d)$, können also durch diesen Ausdruck dividiert werden:
$$\frac{a^3 b^3 (c + 2\,d)^4}{a^2 b^4 (c + 2\,d)} = \frac{a\,(c + 2\,d)^3}{b}$$

Lösung 9.4
1) Nein.
2) Ja:
$$\frac{c^4 d^2 + b^2 c^2 d^2}{c^2 + b^2} = \frac{c^2 d^2 (c^2 + b^2)}{c^2 + b^2} = c^2 d^2$$
3) Nein.

Lösung 9.5
$5\,a\,(2\,a - b^2) = (5\,a \times 2\,a) - (5\,a \times b^2) = 10\,a^2 - 5\,a\,b^2$.

Lösung 9.6
Der größte gemeinsame Faktor ist $3\,a^2 b^2$. Wenn dieser ausgeklammert wird, bleibt $2\,a + 3\,b^2$ übrig. Die Lösung ist also $3\,a^2 b^2 (2\,a + 3\,b^2)$.

Lösung 9.7
$a^2 - 4\,b^2 = (a + 2\,b)\,(a - 2\,b)$

Lösung 10.1
Die höchste Potenz ist 5; also liegt ein Polynom fünften Grades vor.

Lösung 10.2
$$\begin{array}{l} \ 2x^5 + 7x^4 + 5x^3 +4 \\ - (6x^4) - (9x^3) - (-x^2) - (5) \\ \hline = 2x^5 + x^4 - 4x^3 + x^2 \ -1 \end{array}$$

Lösung 10.3

$$
\begin{array}{r}
+\,8x^9 \quad\;\; +12x^6 \qquad\quad +24x^4 \\
-\,2x^7 \qquad\qquad\qquad -3x^4 \;-6x^2 \\
+10x^5 \qquad\quad +15x^2 + 30 \\
\hline
8x^9 - 2x^7 + 12x^6 + 10x^5 + 21x^4 \;+9x^2 + 30
\end{array}
$$

Lösung 10.4

Der Ausdruck $x^2 - 6x + 9$ kann auch als
$x^2 - 2(3x) + 3^2$ geschrieben werden.
Mit $a = 3$ entspricht das exakt dem zweiten Polynom
in der Tabelle von Abschnitt 10.5:
$x^2 - 2xa + a^2$
Der Tabelle entnehmen wir hierfür die
Faktorzerlegung zu $(x - a)^2$.
Die Faktorzerlegung des Polynoms $x^2 - 6x + 9$ ergibt
also $(x - 3)^2$.
Das können Sie durch Ausmultiplizieren von
$(x - 3)(x - 3)$ überprüfen.

Lösung 11.1

$$x^2 = \frac{12}{3} = 4$$

$$x = \sqrt{4} = 2$$

Lösung 11.2

Wir subtrahieren die Zahl 1 von jeder Seite:
$4y^3 = x - 1$.
Dividieren beider Seiten durch 4 ergibt

$$y^3 = \frac{x-1}{4}$$

Schließlich ziehen wir auf jeder Seite die dritte
Wurzel und erhalten

$$y = \sqrt[3]{\frac{x-1}{4}}$$

Lösung 12.1

Die Faktorzerlegung ergibt $(x + 4)(x + 2) = 0$.
Damit der erste Faktor null wird, muss $x = -4$ sein.
Damit der zweite Faktor null wird, muss $x = -2$ sein.

Lösung 12.2

$$x = \frac{-b \pm \sqrt{b^2 - 4ac}}{2a} = \frac{-6 \pm \sqrt{6^2 - (4 \times 1 \times 8)}}{2 \times 1}$$

$$= \frac{-6 \pm \sqrt{36 - (32)}}{2} = \frac{-6 \pm \sqrt{4}}{2} = \frac{-6 \pm 2}{2}$$

Also sind die beiden Lösungen:

$$\frac{-6 + 2}{2} = -2 \quad \text{und} \quad \frac{-6 - 2}{2} = -4$$

Lösung 12.3

Wir bringen den x^2- und den x-Term auf eine Seite
und die Konstante auf die andere Seite der
Gleichung:
$x^2 + 6x = -8$.
Der Koeffizient (Multiplikator) von x^2 ist 1, und
Dividieren beider Seiten einer Gleichung durch 1
lässt sie unverändert.
Nun nehmen wir die Hälfte des Koeffizienten von x,
also $6/2 = 3$, quadrieren diese Hälfte, was 9 ergibt,
und addieren das auf beiden Seiten:
$x^2 + 6x + 9 = -8 + 9$. Also ist $x^2 + 6x + 9 = 1$.
Die Faktorzerlegung ergibt für die linke Seite
$(x + 3)^2 = 1$.
Wir ziehen auf beiden Seiten die Quadratwurzel und
erhalten
$\sqrt{(x + 3)^2} = \sqrt{1} = \pm 1$
Daher ist $x + 3 = \pm 1$. Dies bedeutet:
$x = +1 - 3 = -2$ oder $x = -1 - 3 = -4$.

Lösung 13.1

Aus $2x + y = 8$ ergibt sich $y = 8 - 2x$.
Diesen Ausdruck für y setzen wir in $3x + 2y = 14$ ein:
$3x + 2(8 - 2x) = 3x - 4x + 16 = -x + 16 = 14$.
Also ist $x = 2$.
Einsetzen in $2x + y = 8$ ergibt $4 + y = 8$ und daher
$y = 4$.
Die Lösung ist $x = 2$, $y = 4$.

Lösung 13.2

Die Gleichungen lauten:
$2x + y = 8$ \qquad (1)
und
$3x + 2y = 14$ \qquad (2)
Wir multiplizieren beide Seiten von Gleichung (1)
mit 2 und erhalten
$2(2x + y) = 2 \times 8$ und daraus $4x + 2y = 16$.
Nun lösen wir beide Gleichungen nach $2y$ auf.
Aus Gleichung (1) wird dabei $2y = 16 - 4x$
und aus Gleichung (2) entsprechend $2y = 14 - 3x$.
Weil die linken Seiten der letzten beiden
Gleichungen identisch sind, müssen auch die
rechten Seiten gleich sein, und es folgt:
$16 - 4x = 14 - 3x$.
Dies kann zu $x = 2$ vereinfacht werden.
Einsetzen in eine der ursprünglichen Gleichungen
ergibt $y = 4$, und die Lösung ist $x = 2$, $y = 4$.

Lösung 13.3

Wie bezeichnen die Einwohnerzahl mit E und die
Zeiteinheit Jahr mit a (vom lateinischen *annum*). Die
Gleichung für die Einwohnerzahl des ersten Dorfs
lautet damit
$y = (50 \text{ E/a})x + 1000 \text{ E}$
Darin ist y die Einwohnerzahl und x die in Jahren
einzusetzende Zeit.
Für die Einwohnerzahl des zweiten Dorfs gilt
$y = -(50 \text{ E/a})x + 1600 \text{ E}$
Die Abbildung zeigt die Graphen beider Gleichungen.

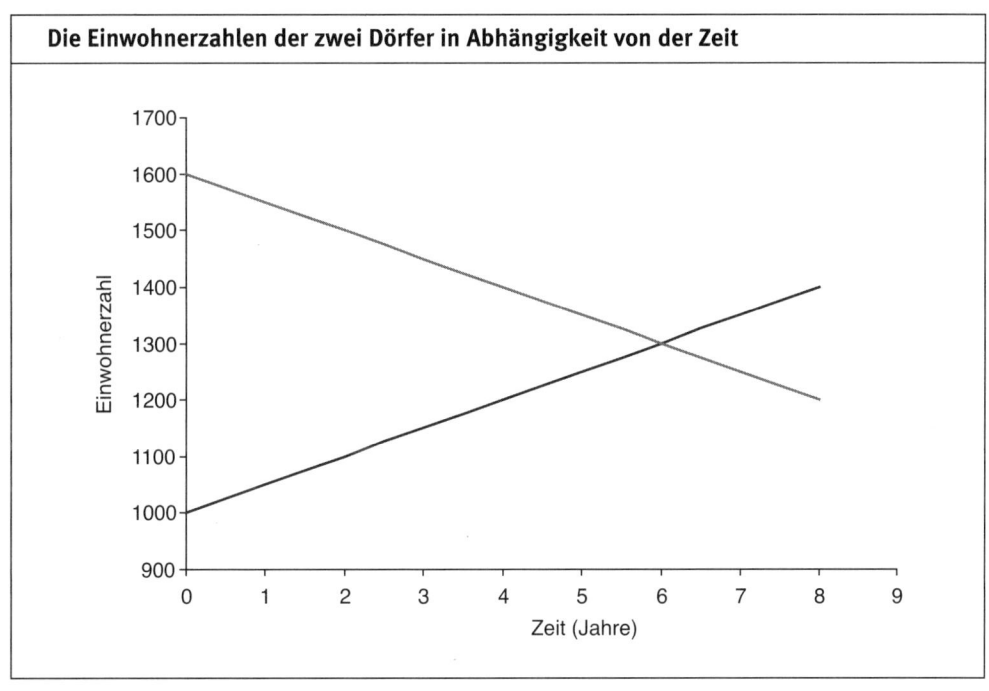

Die Einwohnerzahlen der zwei Dörfer in Abhängigkeit von der Zeit

Die Geraden schneiden sich bei $x = 6$ a, und die Einwohnerzahl hierfür ist $y = 1300$ E.
Wie lösen die Gleichungen
$y = (50\ \text{E/a})x + 1000\ \text{E}$ und $y = -(50\ \text{E/a})x + 1600\ \text{E}$
durch Eliminieren. Das bietet sich an, weil in beiden Fällen y allein auf der linken Seite steht. Die rechten Seiten sind daher gleich:
$(50\ \text{E/a})x + 1000\ \text{E} = -(50\ \text{E/a})x + 1600\ \text{E}$
Dies können wir umformen zu
$(50\ \text{E/a})x + (50\ \text{E/a})x = 1600\ \text{E} - 1000\ \text{E}$
Also ist $(100\ \text{E/a})x = 600\ \text{E}$ und damit $x = 6$ a.
Diesen Zeitraum hatten wir auch aus der Grafik abgelesen.
Einsetzen in die erste Gleichung
$y = (50\ \text{E/a})x + 1000\ \text{E}$
ergibt
$y = (50\ \text{E/a}) \times (6\ \text{a}) + 1000\ \text{E} = 1300\ \text{E}$
Das ist die für beide Dörfer gleiche Einwohnerzahl nach 6 Jahren.

Lösung 14.1
In die Gleichung $a = a + (n - 1)d$ setzen wir das erste Zählergebnis $a = 12$ sowie $d = 4$ als die gemeinsame Differenz ein; außerdem ist $n = 10$. Damit erhalten wir für die Anzahl der Rotkehlchen im 10. Jahr:
$12 + (10 - 1)4 = 12 + 36 = 48$

Lösung 14.2
Wie in Aufgabe 14.1 ist auch hier $a = 12$, $d = 4$ und $n = 10$. Einsetzen in die Formel
$$S_n = \frac{n}{2}\,[2a + (n - 1)d]$$
ergibt
$$S_n = \frac{10}{2}\,[(2 \times 12) + (10 - 1) \times 4] = 5 \times (24 + 36) = 300$$

Lösung 14.3
Der erste Term ist $a = 250$. Das gemeinsame Verhältnis ist $r = 3$, und es ist $n = 7$. Einsetzen in die Formel $a\,r^{n-1}$ ergibt
$250 \times 3^{7-1} = 250 \times 36 = 182\,250$

Lösung 14.4
Wie in Aufgabe 14.3 ist hier $a = 250$, $r = 3$ und $n = 7$. Einsetzen in die Formel
$$S_n = \frac{a\,(r^n - 1)}{r - 1}$$
ergibt
$$S_n = \frac{250\,(3^7 - 1)}{3 - 1} = \frac{250 \times 2186}{2} = 273\,250$$

Lösung 15.1

$$\frac{(a+2)^7}{(a+2)^5} = (a+2)^{7-5} = (a+2)^2 = a^2 + 4a + 4$$

Lösung 15.2

$$\sqrt[3]{(2a-1)^6} = (2a-1)^{6/3} = (2a-1)^2 = 4a^2 - 4a + 1$$

Lösung 16.1

1) Es ist $\log(1{,}2 \times 10^{-5}) = \log 0{,}000012 = -4{,}92$.
pH $= -\log[H^+] = -(-4{,}92) = 4{,}9$, auf zwei gültige Stellen.
2) Aus pH $= -\log[H^+] = 6{,}3$ folgt
$\log[H^+] = -6{,}3$ und daraus $[H^+] = 5{,}0 \times 10^{-7}$.

Lösung 16.2

$\ln e^4 = 4$

Lösung 17.1

Die anfängliche Anzahl der Patienten betrug $N_0 = 5$.
Nach Ablauf von 3 Wochen betrug die Anzahl
$N_3 = 25$. Die Zeiteinheit Woche wollen wir einfach mit
„w" bezeichnen. Dann ist $t = 3$ w.
Einsetzen der Werte in die Gleichung $N = N_0 e^{kt}$
ergibt
$25 = 5 e^{(3w)k}$ bzw. $5 = e^{(3w)k}$
Wir logarithmieren beide Seiten und lösen nach k
auf. Das ergibt
$\ln 5 = (3w)k$
$\frac{\ln 5}{3w} = k$; also ist $k = 0{,}54$ w^{-1}.

Lösung 17.2

Wir verwenden die in Aufgabe 17.1 berechnete
Wachstumskonstante $k = 0{,}54$ w^{-1} der Ansteckung.
Nach weiteren 4 Wochen ist $t = 7$ w (gerechnet vom
Zeitpunkt der Erkennung des Virus). Mit $N_0 = 5$ wie
zuvor erhalten wir für die Anzahl der Patienten
$N_7 = N_0 e^{kt} = 5 e^{(0{,}54/w)(7w)} = 5 e^{3{,}78} = 219$

Lösung 17.3

Wir können als Anfangswert einen beliebigen
relativen Wert annehmen und setzen daher $N_0 = 1$.
Nach 8 Tagen ($t = 8$ d) hat die Anzahl auf die Hälfte
abgenommen, und es ist $N_8 = 0{,}5$. Einsetzen der
Werte in $N = N_0 e^{kt}$ ergibt
$0{,}5 = 1 e^{(8d)k}$ bzw. $0{,}5 = e^{(8d)k}$

Wir bilden auf beiden Seiten den natürlichen
Logarithmus und lösen nach k auf. Das ergibt
$\ln 0{,}5 = (8d)k$
$\frac{\ln 0{,}5}{8d} = k$; also ist $k = -0{,}087$ d^{-1}.

Lösung 18.1

Das Volumen einer Kugel mir dem Radius r ist
$V = (4/3)\pi r^3$.
Der Durchmesser des Dotters beträgt 24 mm, also ist
sein Radius r = 12 mm.
Damit ergibt sich das Volumen zu
$V = (4/3) \times 3{,}1416 \times (12\,\text{mm})^3 = 7238{,}2464\,\text{mm}^3$
Der Durchmesser ist nur mit zwei gültigen Stellen
angegeben. Daher darf das errechnete Volumen auch
nur mit zwei gültigen Stellen angegeben werden:
$V = 7200\,\text{mm}^3$.

Lösung 19.1

Die relative Zunahme der Wärmeabgabe bei der
angegebenen Länge ist
$dy/dx = 2 \times (50\,\text{W m}^{-2})x = 2 \times (50\,\text{W m}^{-2}) \times (1{,}2\,\text{m})$
$= 120\,\text{W m}^{-1}$.
Bei einer Länge von 1,2 m steigt die Wärmeabgabe
um 120 W *pro Meter Längenzunahme*.

Lösung 19.2

Bei $x = 30$ mm beträgt die relative Zunahme

$$\frac{dy}{dx} = \frac{3x^2}{60\,\text{mm}^3} = \frac{x^2}{20\,\text{mm}^3} = \frac{(30\,\text{mm})^2}{20\,\text{mm}^3} = 45\,\text{mm}^{-1}$$

Bei einem Nestradius von 30 mm steigt die Anzahl
der Wespen *pro Millimeter Radiuszunahme* um 45.

Lösung 19.3

Die Ableitung von $y = 3x^{20} - 8$ ist
$dy/dx = 20(3x^{20-1}) - 0 = 60x^{19}$.

Lösung 19.4

$y = 3/x^5$ ist dasselbe wie $y = 3x^{-5}$.
Die Ableitung ist daher $dy/dx = 3(-5x^{-5-1}) = -15x^{-6}$.

Lösung 20.1

$$\int 7x^4\,dx = 7\frac{x^{4+1}}{4+1} + C = \frac{7x^5}{5} + C$$

Lösung 20.2

Durch Einsetzen von $n = 3$ in die Gleichung

$$\int x^n\,dx = \frac{x^{n+1}}{n+1} + C$$

erhalten wir das bestimmte Integral

$$A = \int_3^5 2x^3\,dx = \left[\frac{2x^4}{4} + C\right]_3^5$$

$$= \left(\frac{2 \times 5^4}{4} + C\right) - \left(\frac{2 \times 3^4}{4} + C\right)$$

$$= (312{,}5 + C) - (40{,}5 + C) = 272$$

Lösung 22.1

$5{,}5$ pg $= 5{,}5 \times 10^{-15}$ kg

Lösung 22.2

$(5 \times 10^3\,\text{m})(6 \times 10^3\,\text{m}) = 30 \times 10^6\,\text{m}^2 = 3 \times 10^7\,\text{m}^2$

Lösung 22.3

$$\left(\frac{-40{,}5\,°\text{C}}{°\text{C}} + 273{,}15\right)\text{K} = (-40{,}5 + 273{,}15)\text{K} = 232{,}65\,\text{K}$$

Weil die Temperatur in °C mit einer Nachkommastelle
gegeben war, darf das Ergebnis auch nur mit einer
Nachkommastelle angegeben werden:
$-40{,}5\,°\text{C} = 232{,}7\,\text{K}$

Lösung 23.1
Die Molzahl ist

$$n = \frac{m}{m_{Mol}} = \frac{450{,}45\,g}{180{,}18\,g\,mol^{-1}} = 2{,}5\,mol$$

Lösung 23.2

Kohlenstoff (C)	$5 \times 12{,}01\,g\,mol^{-1}$	$= 60{,}05\,g\,mol^{-1}$
Wasserstoff (H)	$4 \times 1{,}01\,g\,mol^{-1}$	$= 4{,}04\,g\,mol^{-1}$
Stickstoff (N)	$4 \times 14{,}01\,g\,mol^{-1}$	$= 56{,}04\,g\,mol^{-1}$
Sauerstoff (O)	$3 \times 16{,}00\,g\,mol^{-1}$	$= 48{,}00\,g\,mol^{-1}$
Summe = Molmasse der Harnsäure		$168{,}13\,g\,mol^{-1}$

Lösung 23.3
Die Masse an Glucose ist
$(180{,}18\,g\,mol^{-1}) \times (0{,}5\,mol\,l^{-1}) \times (0{,}2\,l) = 18\,g$.

Lösung 23.4
Mit $\dfrac{0{,}25\,M}{1\,M} = \dfrac{500\,ml}{x}$ erhalten wir $x = 2000\,ml$.
Es können also 2 Liter der 0,25 M Lösung hergestellt werden.

Lösung 23.5
Die Massenkonzentration beträgt 5 g pro 100 ml, also $50\,g\,l^{-1}$.
Diese 50 g entsprechen:

$$n = \frac{m}{m_{Mol}} = \frac{50\,g}{180{,}18\,g\,mol^{-1}} \approx 0{,}28\,mol$$

Die Lösung ist also etwa 0,28-molar, da in einem Liter 50 g enthalten sind.

Lösung 24.1
Wegen der praktisch vollständigen Dissoziation ist die Konzentration von H^+ gleich $0{,}1\,mol\,l^{-1}$. Damit ist $pH = -\log[H^+] = -\log 0{,}1 = 1$.

Lösung 24.2
Wir setzen die gegebene Konzentration 0,1 in die Beziehung $[H^+][OH^-] = 10^{-14}$ ein:

$[H^+][OH^-] = [H^+] \times (0{,}1) = 10^{-14}$

Also ist $[H^+] = (10^{-14})/0{,}1 = 10^{-13}$ und damit
$pH = -\log[H^+] = -\log 10^{-13} = 13$

Lösung 24.3
Aus $pK_a = -\log K_a = 9{,}25$ folgt $\log K_a = -9{,}25$.
Also ist $K_a = 5{,}62 \times 10^{-10}$.

Lösung 25.1
Wir berechnen zunächst das resultierende Volumen und dann die Molaritäten. Das Volumen nach dem Mischen beträgt 300 ml + 200 ml = 500 ml. Damit ergibt sich für die Molarität von Tris-HCl

$$\frac{(0{,}3\,l) \times (1\,mol\,l^{-1})}{(0{,}5\,l)} = 0{,}6\,mol\,l^{-1}$$

Entsprechend erhalten wir für die Molarität der Tris-Base

$$\frac{(0{,}2\,l) \times (1\,mol\,l^{-1})}{(0{,}5\,l)} = 0{,}4\,mol\,l^{-1}$$

Damit ergibt sich

$$pH = pK_a + \log\frac{[A^-]}{[HA]} = 8{,}3 + \log\frac{0{,}4}{0{,}6}$$
$$= 8{,}3 + (-0{,}1761) = 8{,}1239$$

Auf zwei gültige Stellen gerundet, ist also pH = 8,1.

Lösung 25.2
Mit dem gewünschten pH-Wert 7,4 gilt

$$7{,}4 = 7{,}2 + \log\frac{[A^-]}{[HA]}$$
$$\log\frac{[A^-]}{[HA]} = 7{,}4 - 7{,}2 = 0{,}2$$
$$\frac{[A^-]}{[HA]} = 1{,}585$$

Das ist das Verhältnis des Volumens der 1 M Lösung der korrespondierenden Base zu dem der 1 M Lösung der Diethylmalonsäure.
Der benötigte Volumenanteil der korrespondierenden Base ist also

$$\frac{1{,}585}{1 + 1{,}585} \approx 0{,}61$$

und der Volumenanteil der Säure entsprechend

$$\frac{1}{1 + 1{,}585} \approx 0{,}39$$

Es sind also etwa 0,61 Liter Basenlösung mit 0,39 Liter Säurenlösung zu mischen.

Lösung 28.1

$$\bar{x} = \frac{\sum x}{n} = \frac{(11{,}7 + 11{,}9 + 12{,}2 + 12{,}7 + 13{,}0)\,g\,dl^{-1}}{5}$$
$$= \frac{61{,}5\,g\,dl^{-1}}{5} = 12{,}3\,g\,dl^{-1}$$

Lösung 28.2
Der Medianwert ist $12{,}5\,g\,dl^{-1}$, in der Mitte zwischen den beiden mittleren Werten.

Lösung 29.1
Der Mittelwert (12,3 g dl^{-1}) der Stichprobe wurde in Aufgabe 28.1 bereits berechnet. Zur besseren Übersicht lassen wir in der Tabelle die Einheit g dl^{-1} weg.

Hämoglobinspiegel x	Stichproben-Mittelwert $\bar{x}$	Abweichung $(x - \bar{x})$	Quadrat der Abweichung $(x - \bar{x})^2$
11,7	12,3	−0,6	0,36
11,9	12,3	−0,4	0,16
12,2	12,3	−0,1	0,01
12,7	12,3	0,4	0,16
13,0	12,3	0,7	0,49
	Summe der Quadrate der Abweichungen $\Sigma (x - \bar{x})^2$		1,18
	Division durch $(n - 1)$ ergibt die Varianz der Stichprobe		$\dfrac{1,18}{(5 - 1)} = 0,295$
	Die Quadratwurzel aus der Varianz ergibt die Standardabweichung		$\sqrt{0,295} = 0,543$

Die Standardabweichung ist 0,543 g dl^{-1}.

Lösung 30.1

$$z = \frac{x - \mu}{\sigma} = \frac{(15,5 - 12,5)\,\text{g dl}^{-1}}{1,2\,\text{g dl}^{-1}} = 2,5$$

Lösung 33.1

$$\text{SFM} = \frac{\sigma_S}{\sqrt{n}} = \frac{0,4\,\text{g dl}^{-1}}{\sqrt{16}} = 0,1\,\text{g dl}^{-1}$$

Lösung 34.1
Wir verzichten hier zur besseren Übersicht jeweils auf die Angabe der Einheit (g dl^{-1}).
SFM $\times 1,96 = 0,8 \times 1,96 = 1,57$
$\bar{x} - 1,57 = 12,8 - 1,57 = 11,23$
$\bar{x} + 1,57 = 12,8 + 1,57 = 14,37$
Also erstreckt sich das 95-%-Konfidenzintervall von 11,23 bis 14,37.
SFM $\times 2,58 = 0,8 \times 2,58 = 2,06$
$\bar{x} - 2,06 = 12,8 - 2,06 = 10,74$
$\bar{x} + 2,06 = 12,8 + 2,06 = 14,86$
Also erstreckt sich das 99-%-Konfidenzintervall von 10,74 bis 14,86.
SFM $\times 3,29 = 0,8 \times 3,29 = 2,63$
$\bar{x} - 2,63 = 12,8 - 2,63 = 10,17$
$\bar{x} + 2,63 = 12,8 + 2,63 = 15,43$
Also erstreckt sich das 99,9-%-Konfidenzintervall von 10,17 bis 15,43.

Lösung 35.1
Die Wahrscheinlichkeit oder Chance, mit den beiden Würfeln gleichzeitig zwei Sechsen zu würfeln, kann auf folgende Arten ausgedrückt werden:
- eine Chance von 1 aus 36,
- eine Chance von 1/36,
- eine Wahrscheinlichkeit von 0,028,
- $P = 0,028$,
- eine Wahrscheinlichkeit von 2,8 %.

Lösung 36.1
Gemäß der Nullhypothese sollte zwischen den Auswirkungen der beiden Temperaturen auf die Keimbildungsrate der Weizensamen keine Differenz vorliegen.

Lösung 36.2
Wegen $P = 0,25$ beträgt die Wahrscheinlichkeit 0,25 bzw. 1 aus 4, dass die Differenz zufällig zustande kommt. Also ist diese statistisch nicht signifikant.

Lösung 38.1

$$t = \frac{\bar{x} - E}{\text{SFM}} = \frac{62\,\% - 70\,\%}{8\,\%} = -1$$

Die t-Verteilung ist symmetrisch, jedoch üblicherweise nur für positive Werte tabelliert. Also können wir statt bei $t = -1$ auch bei $t = 1$ nachschlagen.
Dafür sowie für FG = 11 entnehmen wir der Tabelle in Anhang 2 den für das 5-%-Signifikanzniveau kritischen Wert $t = 2,20$. Unser Wert 1 ist deutlich geringer, sodass das Ergebnis nicht signifikant ist.

Lösung 38.2

$$t = \frac{\bar{d}}{SF_D} = \frac{36,9\,^\circ C - 36,8\,^\circ C}{0,04\,^\circ C} = 2,5$$

Also ist $t = 2,5$ und FG = 19.
Wir schlagen in der Tabelle der *t*-Werte in Anhang 2
nach. Für FG = 19 ist der für das 5-%-
Signifikanzniveau kritische Wert $t = 2,09$, und der für
1 % kritische Wert ist $t = 2,86$. Unser zu 2,5
berechneter Wert ist größer als der für das 5-%-
Signifikanzniveau notwendige, jedoch kleiner als der
für das 1-%-Signifikanzniveau notwendige *t*-Wert.
Also ist $0,01 < P < 0,5$.

Lösung 38.3

$$t = \frac{\bar{x}_a - \bar{x}_b}{SF_D} = \frac{1,5\,g - 1,2\,g}{0,1\,g} = 3$$

Also ist $t = 3$ und FG = 58 (näherungsweise können
wir in der Tabelle in Anhang 2 bei FG = 60
nachschlagen).
Wir entnehmen der Tabelle den für das 1-%-
Signifikanzniveau kritischen Wert $t = 2,66$ und den
für das 0,1-%-Signifikanzniveau kritischen Wert $t =
3,46$. Unser zu 3 berechneter Wert ist größer als der
für das 1-%-Signifikanzniveau notwendige, jedoch
kleiner als der für das 0,1-%-Signifikanzniveau
notwendige *t*-Wert.
Also ist $0,001 < P < 0,01$.

Lösung 40.1

Die erwartete Häufigkeit *E* von Kulturen mit Kolonien ist für das Standardmedium gegeben durch:

$$E = \frac{(\text{Anzahl Kulturen mit Bakt.-Kol.}) \times (\text{ges. Anzahl Standard-Kulturen})}{\text{gesamte Anzahl Kulturen}}$$

Die Ergebnisse sind nachfolgend aufgeführt.
Standardmedium, Kolonien vorhanden:

$$E = \frac{304 \times 240}{480} = 152$$

Standardmedium, keine Kolonie vorhanden:

$$E = \frac{176 \times 240}{480} = 88$$

Neues Medium, Kolonien vorhanden:

$$E = \frac{304 \times 240}{480} = 152$$

Neues Medium, keine Kolonie vorhanden:

$$E = \frac{176 \times 240}{480} = 88$$

Die Tabelle zeigt die Berechnung von χ^2.

Berechnung von χ^2 für verschiedene Kulturmedien					
	Beobachtete Häufigkeit *B*	Erwartete Häufigkeit *E*	$B - E$	$(B - E)^2$	$\dfrac{(B - E)^2}{E}$
Standardmedium, Kolonie	144	152	−8	64	0,4211
Standardmedium, keine Kolonie	96	88	8	64	0,7273
Neues Medium, Kolonie	160	152	−8	64	0,4211
Neues Medium, keine Kolonie	80	88	8	64	0,7273
					$\chi^2 = \sum \dfrac{(B - E)^2}{E} = 2,297$

Lösung 40.2
FG = $(2 - 1)(2 - 1) = 1$
Für FG = 1 ist der kritische Wert für das 5-%-
Signifikanzniveau 3,84.
Aber in unserem Beispiel beträgt χ^2 nur 2,297.
Daher ist das Ergebnis nicht signifikant, und die
Nullhypothese ist nicht widerlegt.

Lösung 41.1

$$\rho = \frac{\sum (x - \bar{x})(y - \bar{y})}{\sqrt{\sum (x - \bar{x})^2 \sum (y - \bar{y})^2}} = \frac{-284}{\sqrt{536 \times 160}} = -0,97$$

Lösung 42.1

Wir berechnen die verschiedenen Werte von $(x - \bar{x})$ und $(y - \bar{y})$ und setzen sie in die Formel für m ein:

$$m = \frac{\sum (x - \bar{x})(y - \bar{y})}{\sum (x - \bar{x})^2} = \frac{-3,72}{12,90} = -0,288$$

Einsetzen in die Gleichung $\bar{y} = m\bar{x}$ für die Regressionsgerade ergibt:

$2,19 = (-0,288 \times 0,63) + c$.

Also ist $c = 2,37$, sodass gilt $y = -0,288x + 2,37$. Bei einem 15 kg schweren Tier ist der Logarithmus der Masse $\log(15) = 1,176$, und wir erhalten $y = (-0,288 \times 1,176) + 2,37 = 2,03$
Das ist der Logarithmus des (in Schlägen pro Minute anzugebenden) zu erwartenden Ruhepulses. Dieser beträgt also $10^{2,03} = 107$ Schläge pro Minute.

	Masse (kg)	log (Masse)	Ruhepuls (min^{-1})	log (Ruhepuls)
Maus	0,02	−1,70	700	2,85
Ratte	0,2	−0,70	400	2,60
Katze	5	0,70	150	2,18
Hund	10	1,00	120	2,08
Mensch	70	1,85	70	1,85
Pferd	450	2,65	40	1,60
Mittelwert	−	0,63	−	2,19

Anhang 1: Ablaufdiagramm für die Auswahl von statistischen Tests

Die für jede Kategorie entscheidenden Tests sind in den Rauten angegeben. Die *kursiv* gesetzten Tests sind die nichtparametrischen Tests für die betreffende Kategorie.

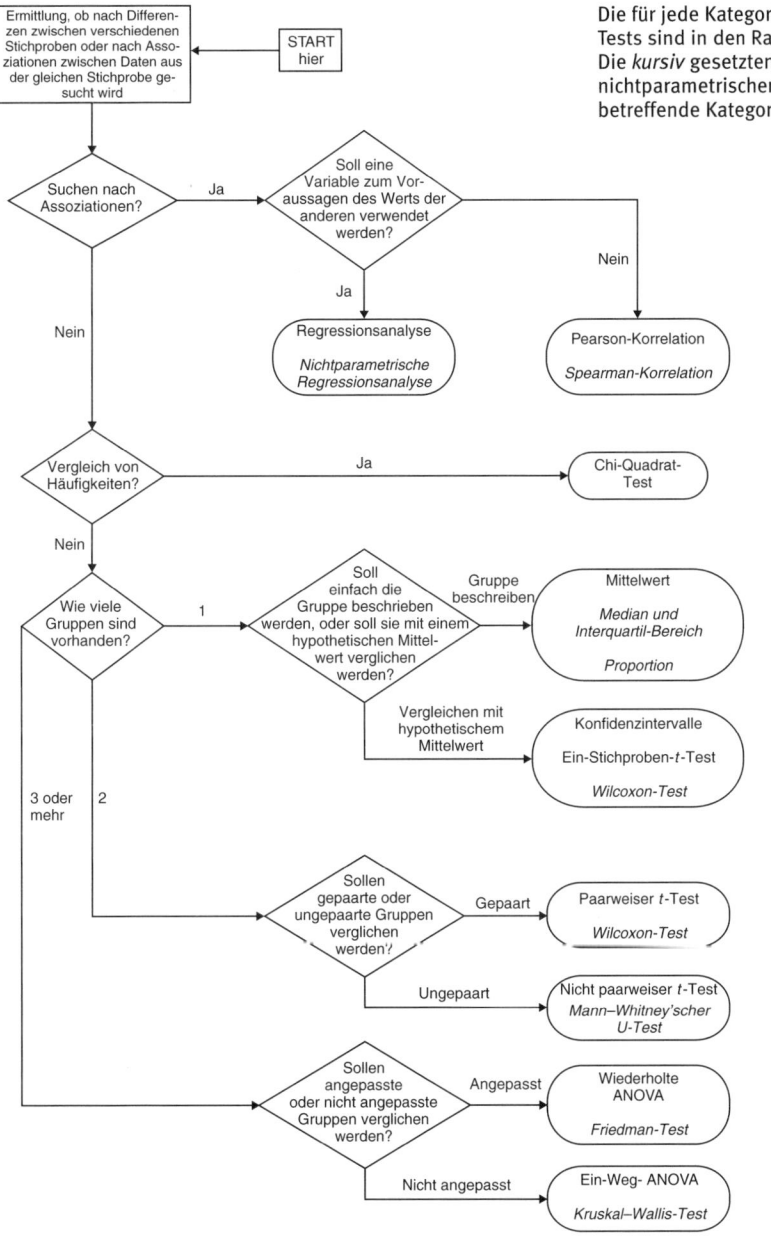

Anhang 2: Kritische Werte für die t-Verteilung

Diese Tabelle enthält die notwendigen bzw. kritischen t-Werte für verschiedene Anzahlen von Freiheitsgraden und für häufig verwendete Signifikanzniveaus.

Gewöhnlich sind die zweiseitigen Signifikanzniveaus zu verwenden. Der einseitige und der zweiseitige Test wurden in Abschnitt 38.2 erläutert.

Die Nullhypothese ist abzulehnen, wenn der berechnete Wert von t größer ist als der Wert, der in der Tabelle für das gewählte Signifikanzniveau angegeben ist.

Freiheitsgrade (FG)	Signifikanzniveau für zweiseitigen Test		
	5 %	1 %	0,1 %
	Signifikanzniveau für einseitigen Test		
	2,5 %	0,5 %	0,05 %
1	12,71	63,66	636,58
2	4,30	9,92	31,60
3	3,18	5,84	12,92
4	2,78	4,60	8,61
5	2,57	4,03	6,87
6	2,45	3,71	5,96
7	2,36	3,50	5,41
8	2,31	3,36	5,04
9	2,26	3,25	4,78
10	2,23	3,17	4,59
11	2,20	3,11	4,44
12	2,18	3,05	4,32
13	2,16	3,01	4,22
14	2,14	2,98	4,14
15	2,13	2,95	4,07
16	2,12	2,92	4,01
17	2,11	2,90	3,97
18	2,10	2,88	3,92
19	2,09	2,86	3,88
20	2,09	2,85	3,85
25	2,06	2,79	3,73
30	2,04	2,75	3,65
40	2,02	2,70	3,55
50	2,01	2,68	3,50
60	2,00	2,66	3,46
70	1,99	2,65	3,43
80	1,99	2,64	3,42
90	1,99	2,63	3,40
100	1,98	2,63	3,39
unendlich	1,96	2,58	3,29

Anmerkung: Eine t-Verteilung mit unendlich vielen Freiheitsgraden ist den Werten der Normalverteilung gleichwertig.

Anhang 3: Kritische Werte für die Chi-Quadrat-Verteilung

Diese Tabelle enthält die notwendigen bzw. kritischen Werte von Chi-Quadrat für verschiedene Anzahlen von Freiheitsgraden und für häufig verwendete Signifikanzniveaus.

Die Nullhypothese ist abzulehnen, wenn der berechnete Wert von Chi-Quadrat größer ist als der Wert, der in der Tabelle für das gewählte Signifikanzniveau angegeben ist.

Freiheitsgrade (FG)	Signifikanzniveau für einseitigen Test		
	2,5 %	0,5 %	0,05 %
1	3,84	6,63	10,83
2	5,99	9,21	13,82
3	7,81	11,34	16,27
4	9,49	13,28	18,47
5	11,07	15,09	20,51
6	12,59	16,81	22,46
7	14,07	18,48	24,32
8	15,51	20,09	26,12
9	16,92	21,67	27,88
10	18,31	23,21	29,59
11	19,68	24,73	31,26
12	21,03	26,22	32,91
13	22,36	27,69	34,53
14	23,68	29,14	36,12
15	25,00	30,58	37,70
16	26,30	32,00	39,25
17	27,59	33,41	40,79
18	28,87	34,81	42,31
19	30,14	36,19	43,82
20	31,41	37,57	45,31
25	37,65	44,31	52,62
30	43,77	50,89	59,70
40	55,76	63,69	73,40
50	67,50	76,15	86,66
60	79,08	88,38	99,61
70	90,53	100,43	112,32
80	101,88	112,33	124,84
90	113,15	124,12	137,21
100	124,34	135,81	149,45

Index